Knaur.

Knaur.

Im Knaur Taschenbuch Verlag sind bereits folgende Bücher des Autors erschienen:
Warum die Waschmaschine Socken frisst …
Warum Krokodile nur bei Gewitter Sex haben

Über den Autor:
Bernd Harder, geboren 1966, ist Wissenschaftsjournalist und Chefredakteur einer medizinischen Fachzeitschrift. Als Vorstandsmitglied der Gesellschaft zur wissenschaftlichen Untersuchung von Parawissenschaften (GWPU) wird der Autor ständig mit weiteren Fällen von Rätselhaftem und Mysteriösem konfrontiert. Mit seinen beiden ersten Büchern *Warum die Waschmaschine Socken frisst* und *Warum Krokodile nur bei Gewitter Sex haben* hatte er großen Erfolg.

Bernd Harder

Warum machen Querstreifen dick?

Neue Rätsel des Alltags

Knaur Taschenbuch Verlag

Herausgegeben von
Hans Christian Meiser

Besuchen Sie uns im Internet:
www.knaur.de

Originalausgabe April 2007

Redaktion: Beate Koglin
Umschlaggestaltung: ZERO Werbeagentur, München
Umschlagabbildung: FinePic, München
Satz: Adobe InDesign im Verlag
Druck und Bindung: Clausen & Bosse, Leck
Printed in Germany
ISBN 978-3-426-77941-5

2 4 5 3 1

Inhalt

Vorwort

Wissen Sie, von wie vielen Luftmolekülen Sie bombardiert werden, während Sie diesen Satz lesen?

Vermutlich nicht.

Es sind 100 Milliarden Milliarden.

Na und?

Wie viele Fliegeneier dürfen nach den Vorschriften der US-Lebensmittelbehörde 100 Gramm Tomatenmark enthalten?

Die richtige Antwort lautet: nicht mehr als dreißig.

Wer will das wissen?

Ein Mann mit einem Körpergewicht von 68 Kilogramm reicht angeblich als Mahlzeit für vierzig Kannibalen.

Makaber – aber wen interessiert es?

Eben. Deshalb finden sich solche Luftblasen abendländischer Geistigkeit auch nur in diversen Handbüchern des »nutzlosen« Wissens.

Sehr nützlich zu wissen scheint es hingegen, wie die Laufschuhe des amtierenden 100-Meter-Sprintweltmeisters beschaffen sind: Wiegen die Treter 200 Gramm und halten vier Läufe lang? Oder sind sie 800 Gramm schwer und überstehen schadlos acht Läufe?

Sie haben keine Ahnung? Und es ist Ihnen auch völlig egal? Recht so – auch wenn ein altehrwürdiges Intelligenzblatt meint, seine Leser dringend mit solch eher weltfremden »Info-sionen« versorgen zu müssen – in Form einer mit Wissensfragen gespickten Rubrik »Check-up«.

Ach ja, um dabei am Puls der Zeit zu sein, muss man auch die Frage beantworten können, warum in England nachts zwischen 22 und 4 Uhr so viele Zimmerbrände ausbrechen (wegen der Betrunkenen, die mit ihrer Friteuse hantieren).

Handfester wird's dann schon beim Aufnahmetest für eine renommierte deutsche Journalistenschule: »Angenommen, Sie treffen den Papst. Wie lautet die korrekte Anrede?« Und: »Wie viel ungefähr wiegt die Luft in einem 72 Kubikmeter großen Zimmer?«

Na schön: »Eure Heiligkeit« und 93 Kilogramm.

Und dieses Wissen qualifiziert nun für den Journalistenberuf?

Keine Frage: Wissen ist wieder in. Zeitungen, Magazine und TV-Sender überbieten sich mit Wissensshows und ausgeklügelten Wissenstests, mal klassisch, mal bemüht zeitgeistig. Doch eines bleibt dabei meist völlig unscharf: Was ist im dritten Jahrtausend eigentlich wichtig? Und was nichtig?

Etwa alle vier Jahre verdoppelt sich das Wissen der Menschheit. Alle vier Minuten entdecken Forscher eine neue medizinische Erkenntnis, alle drei Minuten einen physikalischen Zusammenhang und jede Minute eine chemische Formel. Ein Einführungstext in das Chemiestudium enthält heute mehr Informationen als alle Bücher des Paracelsus (1493–1541) zusammen.

Vier Kilometer Regale müssen im Deutschen Zentralarchiv in Frankfurt jedes Jahr angebaut werden, um mehr als 225 000 Bücher, Zeitschriften, Dissertationen, Tonbänder, Filme unterzubringen. Allein in diesem Jahrzehnt wird so viel Wissen produziert und gespeichert wie in den 2500 Jahren zuvor.

Und doch sind uns viele Dinge des täglichen Lebens immer noch ein Rätsel, obwohl – oder gerade weil? – wir im Zeitalter der »Schlüsselqualifikationen« und »Medienkompetenz«, der Datenbanken und Informations-Highways leben.

Wie viel ungefähr wiegt die Luft in einem 72 Kubikmeter großen Zimmer? Das kann man ausrechnen, und die Formel dafür steht vermutlich in irgendeinem alten Physikbuch bei den Schulsachen von einst auf dem Speicher: Die durchschnittliche molare Masse von Luft beträgt 29 g/mol. Das entspricht 29 Gramm auf 22,4 Litern (molare Gaskonstante) beziehungsweise 0,0224 Kubikmetern. Der Rest ist Dreisatz.

Gut und schön – aber was sind eigentlich diese fiesen Luftlöcher, die einem beim Flug in den Urlaub den Magen in die Knie rutschen lassen? Und warum heult der Wind? Weshalb fühlt sich das Meer am Bauch viel kälter an als an den Beinen? Warum knackt Holz beim Verbrennen? Warum kühlt ein Ventilator die Luft, obwohl er sie doch bloß im Raum verteilt? Warum ist Eis weicher als andere Tiefkühlkost, obwohl beides bei gleicher Temperatur gekühlt wird? Wieso zerbrechen rohe Spaghetti nie in zwei Stücke, sondern immer in mehrere?

Das sind die wirklich wichtigen Fragen.

Phänomene, wie wir sie in unserem alltäglichen Leben wahrnehmen können, ohne dazu mehr zu brauchen als Neugierde und wache Sinne. Und das ist zugleich auch die Antwort auf die häufig gestellte Frage an den Autor dieses Buches, wie man eigentlich auf solche »Rätsel des Alltags« komme?

Ganz schlicht: Die Neugier steht immer an erster Stelle eines Problems, das gelöst werden will. Und ganz oft dringen wir dabei zu grundsätzlichen Problemen vor.

Die Frage etwa »Wieso bestätigt eine Ausnahme die Regel?« klingt ungewohnt, doch sie ist produktiv, weil sie Alltägliches in Frage stellt, beflügelt die Phantasie und spornt zum Nachdenken an.

Und das hoffentlich 142-mal auf den folgenden Seiten.

Alltägliches

Warum sagen wir beim Fotografiertwerden »Cheese«?

Manchmal kann man im Englischen Garten in München oder auf dem Berliner Alexanderplatz Touristen beobachten, die den Einheimischen ein fröhliches »Cheese, cheese!« zurufen und sogleich ihre Kamera in Anschlag bringen.

Auch bei Familienfeiern werden wir des Öfteren aufgefordert: »Jetzt sagt mal alle Cheese.« Dieses englische Wort für »Käse« auszusprechen soll den abgelichteten Personen ein fotogenes Lächeln ins Gesicht zaubern – was in der Regel auch tatsächlich funktioniert.

Aber wer hat sich das ausgedacht?

Angeblich bis 1912 haben Menschen beim Fotografieren keine Miene verzogen, sondern begegneten der Kamera scheu und mit stoisch-unverwandtem Blick. In jenem Jahr aber sollte der New Yorker Fotograf Entfield Flimsham einen reichen Unterwäschefabrikanten namens Henry D. Brassier zusammen mit dessen Familie porträtieren. Gerade als er den Auslöser betätigte, passierte Flimsham ein kleines Malheuer: Er ließ geräuschvoll einen fahren.

In diesem Moment war es um die Pokerfaces der Familie Brassier geschehen. Alle giggelten und lachten – doch zu Flimshams Erstaunen wirkte sich das äußerst positiv auf die Aufnahme aus.

Von da an trachteten alle Fotografen danach, ihre Modelle zum Lachen zu bringen. Manche aßen massenweise Bohnen, um den Flimsham-Effekt zu wiederholen, doch das gelang höchst selten. Also verlegte sich die Zunft darauf, die Geschichte einfach nachzuerzählen in der Hoffnung, die Fotografierten würden sie komisch finden und herauslachen.

Hinzu kommt, dass der Slangausdruck für »pupsen« die Redewendung »to cut the cheese« ist, und irgendwann blieb davon bloß noch »cheese« übrig.

Man ahnt es schon: Diese Geschichte ist ein wenig zu gut, um wahr zu sein. Sie kursiert auf diversen Juxseiten im Internet, ist aber frei erfunden. Somit bleibt der tatsächliche Ursprung der Lächel-Provokation im Dunkeln.

Eine echte Frage ohne Antwort also.

Einem amerikanischen »Slangwörterbuch« ist lediglich zu entnehmen, dass »cheesing« mit der Bedeutung »breit grinsen« in die Umgangssprache eingegangen ist – aber eben erst seitdem Hobby- wie Profifotografen weltweit sich dieser Floskel bedienen.

Manche allerdings sind schon einen Schritt weiter.

So lesen wir in einem aktuellen Ratgeber zum Thema Digitalfotografie: »Eine gute Möglichkeit, alle zum Lachen zu bringen, ist eine kleine Überraschung. Versuchen Sie's mal mit: ›Und jetzt … Gorgonzola!‹ Und schon haben Sie ein breites Cheese-Grinsen.«

Wieso sind Tankstellenshops so teuer?

»Ein brisantes Thema«, befand sogar das Branchenblatt *tankstelle* – und meinte die Preise in den Tante-Emma-Läden der Tankstellen. »Zahlen von 100 und mehr Prozent Aufschlägen zu den Preisen in normalen Geschäften machen die Runde. Aber was ist wirklich dran an der Kritik?«

Um diese Frage zu klären, stellten die Journalisten einen Warenkorb zusammen und gingen auf Testkauf. An zwei Tankstellen, in einem Supermarkt, einem Discounter und einem Einkaufscenter im Kölner Hauptbahnhof kauften die Tester 15 identische Waren ein, von frischen Brötchen über Sekt bis zur Tiefkühlpizza.

Das Fazit: Die Preisunterschiede sind tatsächlich zum Teil sehr hoch.

Insgesamt kostete der Warenkorb bei Kaufland 22,58 Euro, bei Plus 22,87 Euro, an der Tankstelle 40,58 Euro (Esso) beziehungsweise 40,63 Euro (Tamoil). Am teuersten schlug der Testkauf mit 41,09 Euro im Bahnhofsshop zu Buche.

Der Autor dieses Buches machte die Probe aufs Exempel und kam zu ähnlichen Ergebnissen: Sich während der Nachtarbeit des Bücherschreibens an der Tankstelle mit den Grundnahrungsmitteln aller Schreiberlinge einzudecken, ist kein billiges Vergnügen: Für einen Mars-Riegel, eine Tafel Ritter-Sport Vollnuss und einen Liter Coca-Cola gingen an Tankstelle A 0,79 Euro, 1,39 Euro und 1,59 Euro über die Theke, an Tankstelle B 0,75 Euro, 1,09 Euro und 1,49 Euro.

Im (nicht gerade supergünstigen) Lebensmittelgeschäft um die Ecke sind für ein Mars 0,59 Euro, für eine Tafel Ritter-Sport 0,75 Euro und für eine Colaflasche 0,93 Euro zu zahlen.

Nun hat der Stammladen des Autors nach 20 Uhr geschlossen, der Tankstellenshop nicht – und genau darauf gründet verschiedenen Umfragen zufolge dessen Attraktivität. »Zwar murren 80 Prozent der Kunden über hohe Preise, dennoch werden alle bei nächster Gelegenheit hier wieder einkaufen«, schreibt die *tankstelle.* »Convenience« heißt das Zauberwort, zu Deutsch Annehmlichkeit oder Bequemlichkeit.

Doch auch Bequemlichkeit hat ihre Grenzen: Maximal 15 Prozent mehr darf es kosten, erbrachte eine Internetumfrage zum Thema Tankstellenshopping in Österreich. Als »günstig« empfanden die Befragten noch einen Aufpreis von 7 bis 8 Prozent. Die allermeisten Produkte in den Tankstellenshops liegen deutlich darüber.

Warum das so ist, dafür gibt es mehrere Gründe: Zum einen, beklagt der Zentralverband des Tankstellen- und Garagengewerbes (ZTG), hängen die Tankstellenpächter am Tropf der Mineralölkonzerne.

Viele Ölgesellschaften würden ihre Tankstellenbetreiber dazu zwingen, Getränke, Süßigkeiten und andere Produkte für die Shops von bestimmten Großhändlern zu überhöhten Preisen zu beziehen. Und diese Lieferanten wiederum teilten die so erzielten Gewinnmargen mit den Ölmultis. Der Tankstellenpächter kann sich gegen diese mafiosen Praktiken kaum wehren, will er nicht seinen Pachtvertrag riskieren.

Bei freier Wahl – etwa einfach bei Metro günstig Nachschub besorgen – könnten die Pächter bis zu 20 Prozent billiger fahren, schätzt der ZTG.

Zum anderen befinden sich viele Tankstellen in einer recht desolaten wirtschaftlichen Situation. »Die Umsätze im Shop-Geschäft steigen seit Jahren steil an«, zitiert etwa das Wirtschaftsmagazin *Impulse* einen Düsseldorfer Pächter. »Aber die Gewinne bei uns stagnieren.«

Das liege unter anderem an einem »ausgeklügelten System der Gewinnabschöpfung«, das nach *Impulse*-Recherchen alle Mineralölkonzerne praktizieren. Das Spritgeschäft lohnt sich für die Tankstellenpächter ohnehin kaum. Denn die Pächter sind in ein so genanntes Agentursystem eingebunden, müssen wie eine Art Handelsvertreter das Benzin zu vorgegebenen Preisen verkaufen und bekommen dafür pro Liter eine dürftige Provision.

Da kommt das lukrative Shop-Geschäft natürlich gerade recht – aber auch hier halten die Ölkonzerne die Hand auf, und die unternehmerische Freiheit der Betreiber tendiert praktisch gegen null.

Wirft eine Tankstelle überdurchschnittlich viel Gewinn

ab, kann die Ölgesellschaft einfach die Pacht erhöhen. Marktwirtschaftliche Initiative (also etwa moderate Shop-Preise) wird sogleich bestraft: »Jeder Euro, den ein Pächter durch unternehmerisches Handeln einspart oder mehr einnimmt, führt zu Nachverhandlungen mit den Ölkonzernen bei den Pachtkonditionen«, berichtet *Impulse* weiter.

Die Crux: Der Tankstellenpächter ist auf den Shop-Gewinn als Einnahmequelle mehr und mehr angewiesen, hat aber bei der Preisgestaltung nur wenig Freiraum. »Hier geht es wie überall in der Wirtschaft um Gewinnoptimierung«, schreibt ein Betroffener aus Hennef in *tankstelle*. »Allerdings muss ich auch sagen, dass sich der Kunde überlegen sollte, was den Tankstellenunternehmer die ständige Verfügbarkeit auch zu Zeiten wenigen Kundenaufkommens kostet. Der Kunde, der in der Nacht an einer Tankstelle mit der EC-Karte eine Flasche Bier bezahlt und glaubt, dafür den gleichen Preis wie im Supermarkt entrichten zu müssen, der irrt.«

Heißt mit anderen Worten: Für Plankäufe sind und bleiben Tankstellenshops zu teuer, für Vergesslichkeitsartikel – etwa gegen den schnellen Hunger oder auch für den Überraschungsbesuch am Samstagabend – eine passable Alternative.

Warum bleichen Textilien durch das Waschen aus und werden immer grauer?

Dass farbige Stoffe vom Waschen ausbleichen und dass sie grau werden, hat unterschiedliche Ursachen. Es hängt vom Material und den verwendeten Farben ab, ob diese unerwünschten Effekte auftreten.

Eine genaue Erklärung für das Alltagsphänomen hält die Initiative »Wissenschaft im Dialog« (WiD) bereit. Die gemeinnützige GmbH wurde 1999 von maßgeblichen Wissenschaftsorganisationen ins Leben gerufen und unterstützt nach eigenen Angaben in Deutschland den Prozess eines »Public Understanding of Sciences and Humanities (PUSH)«. Das heißt: Was in Hochschulen und Forschungseinrichtungen der deutschen Wissenschaftsorganisationen, in Laboren und Gelehrtenstuben erforscht und erfunden, gedacht und gemacht wird, bringt »Wissenschaft im Dialog« der breiten Öffentlichkeit näher – etwa im Internet unter www.wissenschaft-im-dialog.de.

Den ausbleichenden Textilien nahm sich Carmen Knobelsdorf, Chemikerin am Thüringischen Institut für Textil- und Kunststoff-Forschung in Rudolstadt, an. Ihre Antwort:

Viele Textilien sind aus der natürlichen Faser Baumwolle hergestellt. Sie lässt sich mit zwei verschiedenen Farbstofftypen färben: mit Direktfarbstoffen und mit Reaktivfarbstoffen. Direktfarbstoffe sind die billigere Variante. Sie lagern sich den Baumwollfasern an, gehen aber keine echte chemische Bindung mit diesen ein. Bei jedem Waschen löst sich daher Farbstoff aus dem Gewebe. Die Farbe der Kleidung verliert von Mal zu Mal an Intensität.

Die teureren Reaktivfarbstoffe verfügen über so genannte reaktive Gruppen, die mit der Baumwolle (genauer gesagt mit deren Hydroxylgruppen, bestehend aus Wasserstoff und Sauerstoff) eine chemische Reaktion eingehen. Dadurch sind die Farbstoffe fest an die Fasern gebunden und können nicht durch Wasser wieder gelöst werden. Textilien, die mit den teureren Farben gefärbt sind, haben in der Regel auch einen höheren Preis. Wenn ein teureres Stück beim Waschen trotzdem ausblutet, wurden wohl die billigen Farben verwendet, und man sollte es beim Händler reklamieren.

Bei Kunstfasern wie Polyester waschen sich die Farben

nicht aus. Das liegt daran, dass die für diese Fasern geeigneten Dispersionsfarbstoffe nicht wasserlöslich sind. Nur mit einem speziellen Verfahren unter erhöhtem Druck und bei Temperaturen über 100 Grad Celsius können sie in die Polyesterfasern eingelagert werden.

Auch das »Vergrauen« farbiger Stoffe ist überwiegend bei Textilien aus Baumwolle und anderen natürlichen Fasern zu beobachten. Baumwollgewebe besteht aus vielen kurzen Fasern, die miteinander verdrillt sind. Das bedeutet gleichzeitig, dass es viele Faserenden gibt. Bei mechanischen Beanspruchungen, wie zum Beispiel beim Waschen, gelangen die Faserenden an die Oberfläche. Die Oberfläche des Stoffes wird rauer und bricht infolgedessen das Licht anders.

Die Farbe, die wir wahrnehmen, verändert sich dadurch, verliert an Intensität und Brillanz. Moderne Waschmittel sollen diesem Effekt mit Hilfe von beigemischten Zellulasen entgegenwirken. Das sind Enzyme, die während des Waschens die fussligen Endstücke »abknabbern«. Bei Kleidungsstücken aus Synthesefasern gibt es dagegen kaum Faserenden, da Synthesefasern in sehr langen Fäden (Filamenten) hergestellt werden. Diese neigen wegen ihrer Oberflächenbeschaffenheit (glatt) nicht zur Flusenbildung.

Wenn weiße Stoffe mit der Zeit grau werden, liegt das am Waschmittel. Die Waschmittel enthalten Tenside, die den Schmutz aus dem Gewebe lösen. Aber nicht alle enthalten auch Substanzen, die verhindern, dass sich der Schmutz wieder an die Fasern anlagert. Bei Verwendung solcher Produkte kann sich also der Schmutz zum Teil wieder gleichmäßig auf den Wäschestücken verteilen. Weißes wird grau. Baumwolle neigt wegen ihrer raueren Oberfläche eher dazu, den Schmutz wieder aufzunehmen. Synthetische Fasern sind glatter, weswegen Textilien aus solchen Stoffen weniger beziehungsweise langsamer ergrauen.

Warum knackt Holz beim Verbrennen?

»Es duftet nach Holz, es knistert und knackt leise, eine heimelige Atmosphäre umfängt Sie, und die angenehme Wärme verursacht ein wohliges Gefühl …«, liest man in der Gebrauchslyrik aus den Marketingschreibstuben der Ofen- und Kaminbauerzunft.

Aber es stimmt ja: Brennende Holzscheite im Kamin sorgen für wohlige Wärme, und ihr Knacken schafft schnell Gemütlichkeit im Raum. »Das Knacken wird durch das Aufplatzen des Holzes verursacht, was wiederum auf die Spannungen im Holz zurückzuführen ist, das sich während des Brennens verzieht«, erklärt Steffen Schmidt von der Abteilung Waldökologie der Brandenburgischen Landesforstanstalt in Eberswalde.

Wer Wert darauf lege, dass sein Feuer wenig knackt, sollte möglichst trockenes Holz verbrennen. Nach einjähriger Lagerung beträgt der Feuchtigkeitsgrad in fast allen Holzarten nur noch etwa 20 Prozent. Beim Anzünden eines Holzscheits verdampft das Wasser – zuerst in den äußeren Schichten, die sich dadurch zusammenziehen. Die inneren Schichten sind noch nicht so weit, dort ist der Feuchtigkeitsgrad noch sehr viel höher als außen. Es kommt zu starken Spannungen, die sich durch das Zerreißen der Zellstruktur des Holzes entladen. Das Entstehen dieser Risse ist der Grund für das Knacken.

»Zu kleinen Explosionen kommt es, wenn in einem Hohlraum im Holzscheit Wasser eingeschlossen ist«, so Schmidt weiter. »Die Hitze verdampft das Wasser und sein hoher Dampfdruck sprengt den Einschluss mit einem lauten Knall. Bei harzreichem Nadelholz sind solche Explosionen besonders effektvoll: Da das Harz aus ätherischen Substanzen besteht, brennt es auch noch sehr gut. Holz von Laubbäumen brennt generell sehr viel ruhiger. Es enthält kaum

Harz und besitzt aufgrund seiner Härte einen hohen Brennwert.«

Birke und Buche brennen ruhig und gleichmäßig und verströmen einen angenehmen Duft. Eiche brennt kräftig und lange, ist sie schlecht getrocknet, entsteht ein unangenehmer Geruch. Fichte wird gerne zum Anfeuern benutzt, sie entwickelt schnell große Hitze, brennt dafür aber auch schnell ab. Kiefer brennt mit Leidenschaft – ideal für Liebhaber von Knack- und Knisterfeuern. Lärche enthält viel Harz, beim Brennen duftet es angenehm. (Zitiert nach www.wissenschaft-im-dialog.de)

Wann ist etwas »antik«?

Als Faustregel gilt: Eine Antiquität ist mindestens hundert Jahre alt.

Wieso gerade hundert?

Diese Festlegung geht auf das Jahr 1930 zurück. Damals mussten sich die amerikanischen Zollbehörden mit ebendieser Frage beschäftigen, weil nicht geregelt war, ob Antiquitäten nun (zollfreie) Kunstwerke oder aber (zollpflichtige) Handelswaren sind – und nach welchen Kriterien das jeweils zu entscheiden sei.

Und so wurden in einem »Tariff Act« von 1930 Antiquitäten definiert als »Vermögensgüter«, die nicht primär als Produktionsmittel oder für den Verbrauch erworben werden, sondern als Wertaufbewahrungsmittel dienen – und die vor dem Jahr 1830 produziert wurden. Denn um 1830 wird der Höhepunkt der industriellen Revolution mit der Massenproduktion standardisierter Produkte angesetzt.

Bei Licht besehen ist diese Definition aus dem Steuerrecht reichlich unpräzise, denn natürlich ist nicht jede vor 1830 handgefertigte Kommode, jede schöne Porzellantasse automatisch wertvoll – während umgekehrt eine Tiffanylampe aus dem Jahr 1910 sehr wertvoll sein kann.

Eine exaktere Einteilung gibt es jedoch bis heute nicht, sodass letztendlich »antike« Sammlerstücke ganz subjektiv betrachtet und taxiert werden können. Im üblichen Sprachgebrauch bedeutet »antik« kaum mehr als »echt alt«.

Anders sieht es dagegen bei antiken Münzen oder Kunstgegenständen wie Gemälden, Skulpturen etc. aus. Diese müssen aus der gleichnamigen Epoche, also der Antike, stammen, die etwa von 1200 v. Chr. bis 600 n. Chr. währte.

Was ist der Unterschied zwischen Parfüm und Eau de Toilette?

Der Unterschied liegt in der jeweiligen Konzentration der Duftstoffe.

Jeder Duft besteht aus einer Mischung aus Alkohol und Wasser als Lösungsmittel, Haftstoffen (Balsam, Harz) und aromatischen Ölen, eben den Duftextrakten.

»Blumig« wird eine Note zum Beispiel durch Rosen, Jasmin, Lavendel, Maiglöckchen, Nelken, Hyazinthen etc., während Moschus, Ambra, Zibet, Ingwer, Vanille, Weihrauch, Zimt und Fenchel eine »exotische« Duftnote verströmen.

Das eigentliche Parfüm ist am stärksten konzentriert. Es ist sehr aufwändig in der Herstellung und entsprechend teuer. Parfüm enthält gewöhnlich 15 bis 30 Prozent Duftöle.

Es folgt das Eau de Parfum mit 7 bis 15 Prozent Duftstoffen, dann das Eau de Toilette mit 5 bis 10 Prozent. Am wenigsten Duftöl enthält das Eau de Cologne, nämlich 3 bis 5 Prozent.

Was bedeutet das »G« in G-String?

Ein G-String ist bekanntermaßen ein Tanga-Slip, der das Gesäß nur minimal oder gar nicht bedeckt, sondern nur aus einem Dreieck vorne besteht und aus einer dünnen Trägerschnur um die Hüften, die zwischen den Pobacken verschwindet.

»Ich denke, das Wort kommt vom englischen gap«, vermutet daher eine Leserin im Rätselforum von stern-online. Denn: »In den Londoner U-Bahnen sagen sie doch immer ›Mind the gap‹. Damit ist der Spalt zwischen Bahnsteig und Zug gemeint. In diesem Fall ist es halt ein anderer Spalt …«

Warum dann aber nicht gleich das G-Wort »genitals« (Genitalien) ins Spiel bringen?

In Wahrheit ist die genaue Bedeutung von »G-String« unbekannt.

Klar: »String« heißt auf Deutsch so viel wie Faden, Schnur oder auch Saite. Aber das G? Dazu lassen sich nur zwei Vermutungen anführen.

Erstens: In einem Buch aus dem Jahre 1878 eines gewissen J. H. Beadles über den Wilden Westen taucht das Wort »geestring« als Kurzform für »girdle string« auf, wie Beadles den Lendenschurz der Indianer nannte (»girdle« = Gurt, Gürtel, Hüfthalter). Mag sein, dass »geestring« im allgemeinen Sprachgebrauch irgendwann zu »G-String« geronnen ist.

Zweitens: Das gewagte Kleidungsstück, das seit Beginn des 19. Jahrhunderts bekannt ist und Ende der 1970er Jahre in Südamerika erstmals breite Popularität erlangte, wurde nach der stärksten Saite einer Violine benannt, der G-Saite.

In Brasilien übrigens sind derlei Überlegungen obsolet. Dort heißt das Teil einfach »fio dental«, zu Deutsch »Zahnseide«.

Ist eine bespielte CD schwerer als eine leere?

Jedenfalls ist sie mehr wert. Aber schwerer? Sie könnte ebenso gut leichter sein, schließlich wird beim Brennen tatsächlich etwas weggebrannt.

Doch im Grunde wird die CD weder nennenswert schwerer noch leichter.

Eine leere, bespielbare CD (compact disc recordable oder CD-R) ist fast wie eine gepresste CD aufgebaut: »Sie besteht aus einer Polycarbonat-Scheibe, einer Reflexionsschicht und einem Schutzlack auf der bespielten Seite«, erklärt Wolfgang Sander, Verkaufsleiter bei der Berliner Firma DOCdata. »Außerdem befindet sich bei der CD-R zwischen Polycarbonat und Reflexionsschicht noch ein Farbstoff. Dieser Farbstoff wird beim Schreiben der Informationen verändert. Die relativ transparente Farbschicht wird punktuell kurzzeitig erhitzt, und dadurch wird eine chemische Reaktion ausgelöst, die die Lichtdurchlässigkeit des Farbstoffes verändert und eine Art Bläschen erzeugt. Dabei wird das Reflexionsmaterial an der Stelle leicht angehoben und das Polycarbonat ›angeschmort‹. Die so durch den Laser bewirkten Markierungen sind auf der CD schließlich als Lied oder Text zu hören.«

Dass es bei diesem Brennvorgang einen – wenn auch wirklich minimalen – Verlust an Materialmasse gibt, zeigt das Beispiel der CD-RW. Das sind wieder und wieder beschreibbare CDs (compact disc rewritable). Bis zu hundertmal können diese CDs schätzungsweise neu bespielt werden. Dann ist irgendwann Schluss. Wegen Materialverlust.

Übrigens wird auch eine Computerfestplatte nicht schwerer, wenn ein neues Programm aufgespielt wird. Dabei ändert sich lediglich die Orientierung der Magnetelemente auf der Oberfläche, und zwar ohne Masseverlust oder -zuwachs. (Zitiert nach www.wissenschaft-im-dialog.de)

Warum kleben sich manche Leute einen Fisch aufs Auto?

Weil sie

a) auf den Schauspieler Ottfried Fischer stehen?
b) begeisterte Aquarianer sind?
c) als Fischhändler arbeiten?
d) häufig bei »Nordsee« essen?
e) im Sternzeichen Fische geboren sind?
f) bei den Fischerchören singen?
g) leidenschaftlich gerne angeln?

Nichts von alledem, was da auf der Webseite www.jesus-night.de ironisch aufgelistet wird – obwohl der letztgenannte Punkt zumindest in die richtige Richtung weist.

In der Bibel, genauer gesagt im Matthäusevangelium des Neuen Testaments, finden wir folgende Passage:

»Als nun Jesus am Galiläischen Meer entlangging, sah er zwei Brüder, Simon, der Petrus genannt wird, und Andreas, seinen Bruder; die warfen ihre Netze ins Meer; denn sie waren Fischer. Und er sprach zu ihnen: Folget mir nach; ich will euch zu Menschenfischern machen! Sogleich verließen sie ihre Netze und folgten ihm nach.« (Matthäus 4, 18–19)

Jesus verglich den Missionsauftrag und die Verkündigung des christlichen Glaubens mit dem Fischen. Möglicherweise verwendeten deswegen die Urchristen während der ersten großen Christenverfolgungen einen stilisierten Fisch als Erkennungszeichen untereinander: Eine Person zeichnete zunächst einen geschwungenen Bogen in den Sand, die andere vollendete das Symbol mit dem Gegenbogen und gab sich damit ebenfalls als Christ zu erkennen.

Außerdem kann man das griechische Wort für »Fisch« (ichthys) als so genanntes Akrostichon lesen, bei dem die Anfangsbuchstaben jedes Wortes von oben nach unten gelesen ein Wort oder einen Namen ergeben. Nämlich:

Iesois = Jesus
Christos = Christus (»der Gesalbte«)
Theou = Gott
Hyios = Sohn
Soter = Retter/Erlöser

Die Silhouette eines Fisches als Autoaufkleber bringt also ein christliches Bekenntnis zum Ausdruck: »Ich glaube, dass Jesus Christus der Gottessohn und mein Erlöser ist.«

Wieso wird uns kalt, wenn wir im Hochsommer aus dem Schwimmbecken steigen und an die warme Luft kommen?

Das Phänomen heißt »Verdunstungskälte«.

Kurz gesagt: Nach dem Baden haften noch jede Menge Wassertropfen auf der Haut, die an der Luft verdunsten. Verdunstung wiederum benötigt Wärme, und die wird der Umgebung entzogen, in diesem Fall dem Körper. Und prompt frieren wir.

Nach genau demselben Prinzip funktioniert auch unser körpereigener Überhitzungsschutz: Neben anderen Regulationsmechanismen trägt vor allem das Schwitzen dazu bei, unsere Körpertemperatur konstant auf 37 Grad Celsius zu halten.

Würde der Organismus die ständig anfallende Wärme nicht abgeben, käme es schnell zur Temperaturerhöhung, die bei über 41 Grad Celsius zum tödlichen Hitzschlag führen kann.

Auf der Haut befinden sich etwa zwei Millionen Schweißdrüsen. Bei sportlicher Betätigung oder anderen Anstrengungen wird eine Menge überschüssiger Wärme produziert. Durch das Schwitzen wird zunächst Wasser auf der Haut verteilt. Dieser Wasserfilm verdunstet mit Hilfe überschüssiger Körperwärme, die sich dadurch verbraucht – es entsteht die besagte Verdunstungskälte.

Und dieses Phänomen bringt uns gleich zur nächsten Frage.

Warum kühlt ein Ventilator die Luft, obwohl er sie doch bloß im Raum verteilt?

Die Antwort ist im Grunde dieselbe: Der Luftstrom des Ventilators beschleunigt die Verdunstung von Feuchtigkeit auf der Haut, dadurch wird dem Körper Wärme entzogen – die Luft wirkt also kühl, ohne es wirklich zu sein. Tatsächlich wird die Luft, die der Ventilator umwälzt, sogar minimal wärmer.

Wieso stehen die Uhren in Katalogen und Prospekten oft auf 10 nach 10?

Nicht so ohne weiteres nachvollziehbar, aber ein Zeigerstand von exakt 10 Uhr, 8 Minuten und 42 Sekunden soll angeblich beim Betrachter Assoziationen an ein fröhliches Gesicht mit nach oben gezogenen Mundwinkeln hervorrufen.

Dieser Auffassung neigte jedenfalls der weltbekannte Uhrenhersteller Seiko in den 1960er Jahren zu und wies alle Händler an, Seiko-Chronometer in den Vitrinen und Auslagen genau so einzustellen.

Die meisten anderen Uhrenhersteller folgten diesem Einfall des erfolgreichen Konkurrenten.

Ist das Wort »Bulle« für einen Polizisten nun eine Beleidigung – oder nicht?

Geht man rein nach der Wortherkunft: ein klares Nein.

Denn mit den grasfressenden Weidetieren hat die Bezeichnung »Bulle« für Polizeibeamte gar nichts zu tun.

Der Begriff kommt vielmehr aus der Gaunersprache, dem so genannten Rotwelschen. Diebe, Halunken, Gauner und Vagabunden nannten im 18. Jahrhundert ihre Widersacher, die Gendarmen und Landjäger, »Bohler«, was durchaus einen gewissen Respekt anklingen lässt, denn »Bohler« leitete sich von dem niederländischen Wort »bol« ab, was so viel wie »kluger Mensch« bedeutete.

Regional unterschiedlich wurde »Bohler« auch wie »Bohlwer« oder »Puller« gesprochen – und irgendwann stand schließlich der »Bulle« im Raum.

Eine negative Konnotation bekam diese Bezeichnung erst in den 1960er Jahren, als die protestierende Studentenbewegung ein Schimpfwort für die Polizei suchte, das dem amerikanischen »pig« (Schwein) für die dortigen Cops entsprechen sollte. Auf welchem Weg genau sie dabei nun bei »Bulle« landete, ist nicht mehr zu erhellen. »Vielleicht hat ja auch die MAN-Werbung (›Die deutschen Bullen‹) für die Schwerlastwagen der Firma einen Ausschlag gegeben«, vermutet der Polizeihistoriker Siegfried Paul.

Wie dem auch sei: 1965 stufte das Amtsgericht Bonn den Begriff »Bulle« erstmals als Beleidigung ein und verhängte in diesem Zusammenhang eine Geldstrafe von 50 D-Mark. Doch ob es sich tatsächlich um eine solche handelt, darüber streiten sich die Rechtsgelehrten bis heute.

In den 1980er Jahren kostete die Beleidigung eines Polizisten mit dem Schimpfwort »Bulle« hier und da 600 D-Mark, »dämlicher Bulle« sogar 3000 D-Mark. Das Landgericht Essen zum Beispiel sah darin zwar keinen direkten

Vergleich zum männlichen Rindviech – wohl aber zu dessen hervorstechendsten Eigenschaften: Reizbarkeit, dumpfe Angriffslust und blinde Gewaltanwendung.

Das Kammergericht Berlin dagegen kam schon in dieser Zeit zu einem ganz anderen Urteil: Das Wort »Bulle« für einen Polizisten sei schon längst Umgangssprache und daher nicht zu beanstanden. Nur mit der Verstärkung »Scheißbulle« oder »dreckiger Bulle« bekomme die beleidigende Absicht ihr volles Gewicht.

Dem schloss sich in den 1990ern die Frankfurter Staatsanwaltschaft an und stellte ein Verfahren gegen einen Radiosprecher ein, der von der Polizei angezeigt worden war. Ein Privatsender hatte mit Bezug auf einen umgestürzten Rindertransporter auf einer Autobahn gemeldet: »Bullen auf der Fahrbahn.« Der Moderator fügte noch salopp hinzu: »Ist ja klar, wer soll denn sonst den Verkehr regeln?« Die Staatsanwaltschaft erklärte jedoch, das Wort werde »umgangssprachlich ohne jede Abwertung« gebraucht. Als Indizien führte sie an, dass Personen, die der Polizei nicht wohlgesinnt seien, sich überhaupt nicht mehr mit »Bulle« begnügten, sondern Polizisten als »Saubulle«, »Bullensau«, »Scheißbulle«, »Drecksbulle« oder »Bullenschwein« titulierten. Insofern handele es sich in dem besagten Fall bloß um ein scherzhaft gemeintes Wortspiel.

Über ein ähnliches Urteil des Landgerichts Regensburg berichtete 2006 die *Neue Juristische Wochenschrift*. Der Fall: Die Polizei war zu der Angeklagten gekommen, weil ihr Hund ein Wildtier gerissen hatte. Auf die rhetorische Frage ihrer Tochter, ob die »Bullen« vor der Tür stünden, hatte die in dem Moment schlaftrunkene Frau in Mundart geantwortet: »Ja, das sind die Bullen.« Die Beamten erstatteten Strafanzeige wegen Beleidigung.

Das Gericht urteilte jedoch, es sei nicht erkennbar, dass

die Angeklagte in Beleidigungsabsicht gehandelt habe. Denn maßgebend sei, ob die Bezeichnung tatsächlich als Ehrverletzung gedacht war. Das Gericht sprach damit die Frau vom Vorwurf der Beleidigung frei.

Höflichkeitshalber sollte man dennoch davon Abstand nehmen, Polizisten »Bullen« zu nennen – obgleich die meisten der Betroffenen die Sache wohl eher locker sehen. Im Internetforum des Polizeipräsidiums Duisburg beispielsweise wurde unlängst über unsere Frage diskutiert – wo denn eigentlich die Bezeichnung »Bulle« herkomme.

Zwei exemplarische Antworten: »Der Bulle ist ja ein Stier und beschützt seine Herde, also kann es nicht als Schimpfwort herkommen, da der Bulle ja das stärkste Tier in der Herde ist.«

Und: »Das Wort ›Bulle‹ kommt daher, weil die Polizeibeamten es sehr oft mit Rindviechern zu tun haben … und mit der Zivilbevölkerung.«

Was ist der »siebte Himmel«?

Der, in dem die Verliebten schweben.

Da, wo man sich überglücklich fühlt – klar.

Aber genügt dafür nicht ein Himmel? Und was ist mit den anderen sechs?

Der griechische Philosoph Aristoteles (circa 330 v. Chr.) war ein sehr kluger Mann. Dennoch zog er aus seinen Beobachtungen auch hin und wieder die falschen Schlüsse – etwa wenn er behauptete, dass der Himmel (also Sonne, Sterne und Planeten) um die bewegungslos im Raum stehende Erde kreise.

Und der Himmel, so dachte Aristoteles, bestehe aus sieben »Sphären«, aus vollkommen durchsichtigen, kristallenen Kugelschalen, die die Erde umgeben wie die Schalen einer Zwiebel. Und in jeder dieser Sphären bewege sich ein Planet:

Die innerste Sphäre gehöre dem Mond. Die zweite Sphäre besetze der Planet Merkur. Nach Merkur kämen die Sphären der Venus, der Sonne, des Mars und des Jupiters. Zu jener Zeit, da es noch keine Teleskope gab, endete das Sonnensystem mit Saturn und der siebten Sphäre.

Aristoteles dachte sich die Planeten zudem beseelt, als von spirituellen Kräften oder »reinen Intelligenzen« bewegt, da er sich die erhabene Gesetzlichkeit ihrer Bewegungen anders nicht erklären konnte.

Mithin maß Aristoteles den sieben Sphären auch unterschiedliche Vollkommenheit zu. Und gewissermaßen der höchste Himmel war eben der siebte.

Warum soll man Pflanzen mit abgestandenem Wasser gießen?

Zum einen mögen Blumen lieber Wasser, das Zimmertemperatur hat. Bei Wasser aus dem Hahn ist das meistens nicht der Fall; es ist wärmer oder kälter.

Zum anderen vertragen Blumen viele künstliche Stoffe im Wasser nicht sonderlich gut. Kalk beispielsweise lagert sich bei abgestandenem Wasser eher unten ab. Das Wasser oben ist weniger stark mit Kalk belastet, was die Blumen freut. Die ganze Kanne abgestandenes Wasser über die Pflanze zu kippen ist demzufolge nicht zu empfehlen, weil dann die Schwebstoffe wieder mit in die Pflanze kommen. (Zitiert nach www.swr3.de)

Woher kommt der Spruch »Ich verstehe nur Bahnhof«?

Diese Redensart entstand unter den kriegsmüden Soldaten am Ende des Ersten Weltkrieges. Der Bahnhof wurde zum

Symbol des Heimaturlaubs. Jedes Gespräch, das sich nicht auf die Heimkehr bezog, wurde mit dieser Redensart abgebrochen. Die Soldaten wollten nichts anderes hören außer dem Wort »Bahnhof«.

Was ist das für eine Flüssigkeit, die im Winter manchmal aus dem Auspuff tropft?

Das wollte ein Hörer von der *KopfNuss*-Redaktion beim *Deutschlandradio Berlin* wissen.

Und die geübten Rätselknacker wurden auch bei dieser interessanten Frage fündig: Bei der Flüssigkeit handele es sich um Kondenswasser, das während der Verbrennung des Benzins im Motor entsteht.

Konkret: Normalerweise verlässt das Wasser den Auspuff in Form von heißem Wasserdampf. Im Winter oder bei kaltem Motor ist der Temperaturunterschied zwischen Auspuff und Wasserdampf so groß, dass der Dampf innen im Auspuffrohr kondensiert und dann von den ausströmenden Abgasen tröpfchenweise nach draußen getrieben wird.

Nach längerer Fahrzeit ist der Auspuff von den Abgasen so aufgewärmt, dass sich kein Wasser mehr in ihm niederschlägt. Wer immer nur kurze Strecken zurücklegt, muss damit rechnen, auf lange Sicht Wasser im Auspufftopf anzusammeln, da der Auspuff sich in der kurzen Zeit nicht genügend erwärmen kann, um das Wasser wieder zu verdunsten. Manche Fahrzeuge haben deshalb ein kleines Loch an der tiefsten Stelle der Abgasrohre, das ein Ansammeln des Wassers verhindert. Ansonsten kann das stehende Wasser zur schleichenden Durchrostung des Auspuffs von innen führen.

Das Wasser entsteht bei der Verbrennung von Benzin. In einem idealen Motor würde Benzin ausschließlich zu Kohlendioxid und Wasser verbrennen. Da die Motoren nicht perfekt sind, produzieren sie außerdem noch Kohlenmonoxid sowie Stickoxide und scheiden Reste unverbrannten Benzins in Form von Kohlenwasserstoff aus. (Zitiert nach www.dradio.de/dlr/sendungen/kopfnuss/)

Warum ist Hausstaub immer grau?

»Staubgrau« ist zwar eine offizielle Farbe für Büromöbel – aber in Wirklichkeit ist Staub gar keine einheitliche, unansehnliche graue Masse. Er besteht aus den unterschiedlichsten Stoffen, von Kekskrümeln über abgestorbene Körperzellen, Bakterien und Pilzsporen bis hin zu Spuren von Haarspray.

Grau wirkt Hausstaub nur auf farbigem Untergrund – auf weißem wechselt er simultan zu Schwarztönung, um dafür auf allen dunklen Untergründen wie frisch gefallener Schnee zu schimmern.

Wieso knackst es manchmal im Radio, wenn das Handy danebenliegt?

Der Lautsprecher im Radio nützt einen besonderen physikalischen Effekt aus, um Schall zu erzeugen: Wenn man ein Kabel in ein Magnetfeld legt und dann Strom durchleitet, bewegt es sich – je nachdem wie stark der Strom oder das Magnetfeld sind.

Wenn man das Radio aufschraubt, findet sich darin ein ringförmiger Magnet. In dessen Loch sitzt eine Spule, auf der ein feines Stromkabel aufgewickelt ist. Schaltet man den Strom schnell an und aus, zuckt die Spule hin und her und die obendrauf montierte Lautsprechermembran zuckt mit. Das erzeugt die Schallwellen.

Jetzt kommt das Handy ins Spiel: Beim Einschalten oder wenn ein Gesprächssignal ankommt, muss das Handy erst herausfinden, wo die nächste Mobilfunkantenne steht. Dazu sendet es ein paar starke Funkwellen aus – in dem typischen »Dep-Debedep-Debedep«-Takt, den man von den Störgeräuschen im Radio kennt.

Diese Funkwellen sind so genannte elektromagnetische Wellen, also kleine Magnetfelder, die davonsausen. Sie dringen auch in den Radiolautsprecher ein, ändern dort das Magnetfeld und bringen die Spule zum Zucken.

Das hört man dann als Geräusch im Lautsprecher.

Machen Querstreifen dick?

Bekanntlich trägt Obelix deswegen stets eine der Länge nach blauweiß gestreifte Hose, weil Längsstreifen schlank machen.

Umgekehrt amüsiert sich der gallische Hüne in *Asterix und Maestria* (Band 29) über den titelgebenden weiblichen Barden Maestria: »Hast du die Kleidung von Maestria gesehen? Dabei weiß doch jeder, dass man mit Streifen dick aussieht.«

Mit Querstreifen, wohlgemerkt, die also im Ruf stehen, »breit« zu machen. Und tatsächlich sieht ein quergestreiftes Quadrat dicker aus als ein längsgestreiftes.

Gestreifte Quadrate und andere geometrische Figuren sind allerdings eine Domäne der Wahrnehmungspsychologie.

Wie ist es nun in der Mode?

Längsstreifen (von oben nach unten) strecken den Körper optisch, Querstreifen hingegen machen den Körper optisch runder, lassen einen also etwas dicker erscheinen.

Aber diese Faustregel wird von Designern keineswegs

durchgängig angewandt, was wir beispielsweise hin und wieder beim »Marine-Look« sehen, der zwar breit gestreift, aber dennoch sehr figurbetont ist und die Trägerin daher trotzdem schlank aussehen lässt.

Denn es kommt bei der optischen Wirkung eines Kleidungsstücks nicht nur auf die Streifen an – sondern genauso auf die Streifenbreite, den Schnitt und die Farbe.

Kulinarisches

Stimmt es, dass Nahrungsmittel, die auf den Boden gefallen sind und nicht länger als fünf Sekunden dort liegen, aufgehoben und noch gegessen werden können?

Für die wissenschaftliche Überprüfung dieser so genannten Fünf-Sekunden-Regel erhielt Jilian Clarke 2004 den Nobelpreis.

Wenn auch nur den »Ig-Nobel-Price«.

Der Name kommt vom englischen Wort »ignoble«, was so viel wie unedel oder unehrenhaft bedeutet. Damit zeichnet das satirische Wissenschaftsmagazin *Annals of Improbable Research* (»Die Annalen der unwahrscheinlichen Forschung«) in Kooperation mit der Universität Harvard lustige, skurrile, makabre oder auch peinliche Studien aus.

Hierzulande wäre die Versuchsreihe von Jilian Clarke wohl eher als »Jugend forscht«-Projekt durchgegangen: Die 16-jährige High-School-Schülerin aus Chicago ließ Gummibärchen und Plätzchen auf den Fußboden (zu Hause, in Kantinen, Bibliotheken, Amtsstuben etc.) fallen und hob sie nach genau fünf Sekunden wieder auf.

Der Doktorand Meredith Agle von der örtlichen University of Illinois untersuchte die Süßigkeiten jeweils vorher und nachher im Labor auf kleinste Krankheitserreger.

Resultat: Die Bärchen und Plätzchen waren auch nach dem kurzen Bodenkontakt weitgehend frei von Mikroorganismen – nichts sprach also dagegen, sie trotzdem zu verzehren.

Dann aber weiteten Clarke und Agle das Experiment aus: Sie kontaminierten sowohl glatte als auch raue Fußböden mit Kolibakterien und wiederholten den Versuch.

Nun zeigte sich, dass die Lebensmittel schon nach deutlich weniger als fünf Sekunden befallen und damit ungenießbar wurden.

Was heißt das für uns?

Die althergebrachte und weit verbreitete Fünf-Sekunden-Regel ist eine arg zurechtgebogene Alltagsweisheit, die nur dann stimmt, wenn alle Idealbedingungen erfüllt sind.

Fallen uns »trockene« und feste Esswaren wie beispielsweise Muffins, Kekse, Kräcker, Schokolade oder Chips auf einen vergleichsweise sauberen Fußboden, mag es angehen, sie rasch aufzuheben und in den Mund zu schieben.

Aber würde jemand ein Stück gebratenes Fleisch essen, das in einem Krankenhauskorridor vom Tablett gefallen ist?

Oder anders: Wer von uns hat schon einmal im heimischen Wohnzimmer einen Kartoffelchip gegessen, der beim Fernsehschauen aus der Hand gefallen und schnell wieder aufgehoben worden ist? Wohl jeder.

Wer würde diesen Kartoffelchip einem danebensitzenden Gast anbieten? Eben.

Wann, von wem und vor welchem Hintergrund die Fünf-Sekunden-Regel aufgestellt worden ist, verliert sich im Vagen. Sie soll wohl lediglich unser aller Bestreben gutheißen, eine Schusseligkeit (eben das Fallenlassen von Esswaren) schnell und möglichst elegant zu überspielen (eben das Malheur innerhalb von Sekunden zu korrigieren und fortzufahren, als sei nichts geschehen).

Aber wie gesagt: Uneingeschränkte Gültigkeit kommt der Fünf-Sekunden-Regel keinesfalls zu. So, wie man sich an einem heißen Ofen schon mit einer kurzen Berührung verbrennt, können Mikroorganismen sich durch Kontakt mit bakterien-/keimbefallenen Oberflächen ohne Verzug übertragen.

Im Zweifelsfall gilt: besser wegwerfen.

Warum ist Eis weicher als andere Tiefkühlkost, obwohl es bei gleicher Temperatur gekühlt wird?

Speiseeis ist weich und cremig, weil es aus sehr kleinen Eiskristallen besteht. Diese zu erzeugen ist zum einen ein Geheimnis des Herstellungsprozesses: Die Eismischung darf nur langsam abkühlen und muss währenddessen ständig gerührt werden. Geschieht das nicht, bilden sich große Eiskristalle. »Sie vernetzen sich und lassen das Eis hart werden. Lässt man beispielsweise Wasser oder gezuckerte Sahne einfach gefrieren, so entsteht ein kompakter Eisblock mit einer glatten Oberfläche. Die großen Eiskristalle machen das Eis spröde und hart«, erklärt Peter Wich vom Institut für organische Chemie der Universität Würzburg (www.experimentalchemie.de). Wenn man an einem solchen Eis leckt, entsteht an der Zunge ein recht unangenehmes Gefühl.

Cremig wird Speiseeis außerdem wegen seines hohen Fettgehalts. So enthält beispielsweise Rahmeis mindestens 60 Prozent Sahne, Milcheis mindestens 70 Prozent Vollmilch. Durch Zugabe so genannter Emulgatoren können sich die Fettteilchen aus Milch oder Sahne gut mit dem Wasser der Eismischung vermischen und eine schaumige Masse bilden, die das Eis cremig macht.

Was bedeutet »enteisent« auf dem Etikett von Mineralwasserflaschen?

Ein Volk berauscht sich am Sprudel. In diesem Jahr wird jeder Deutsche an die 130 Liter Mineralwasser trinken. Tendenz weiter steigend. 1950 waren es 3,8 Liter, vor 15 Jahren immerhin schon 70.

Ein gestiegenes Gesundheitsbewusstsein (so genannte Near-Water-Produkte – also Mineralwässer mit zugesetzten Vitaminen oder Kräutern – verzeichnen die höchsten Zuwachsraten) und die Sorge um den Führerschein lassen die Wasserwelle überschwappen.

Nüchtern betrachtet ist das neue Prestigegetränk wenig mehr als abgestandenes Regenwasser. Beim Versickern durch die unterschiedlichen Erd- und Gesteinsschichten wird es gefiltert und gereinigt und nimmt außerdem Mineralien und Spurenelemente auf. Tief im Boden sammelt es sich. Dieser Sickervorgang kann einige hundert Jahre dauern. Zwischen 100 und 1000 Meter müssen Bohrungen vorangetrieben werden, um an das kostbare Nass zu gelangen.

In Deutschland gibt es mehr als 500 amtlich anerkannte Mineralquellen. Rund 250 einheimische und 50 ausländische Abfüller liefern sich eine regelrechte Wasserschlacht.

Deutschland – Mineralwasserland. Zu Hause oder am Arbeitsplatz stehen immer öfter zwei, drei verschiedene Flaschen Mineralwässer in Sichtweite und erinnern automatisch daran, zum Glas zu greifen. Und zwar stündlich, lautet die aktuelle ärztliche Empfehlung. Da muss so manch einer das Trinken regelrecht trainieren.

Am Anfang war das Wasser. Ansonsten war nach der Bibel alles »öd und leer«. Auch anno 2007 endet für manchen Szenegänger der Kneipenabend öd und leer. Es sei denn, er macht den Anfang – mit Wasser.

So verheißen es jedenfalls die kuriosen »Flirttipps« der französischen Avantgardemarke »Perrier«. Danach genügt es erst einmal, zwei Perrier an der Bar zu bestellen und sich Schürze und Tablett der Kellnerin zu schnappen: »Das Getränk mit einem charmanten Lächeln servieren. Wetten, dass die Dame begeistert ist und das Perrier zusammen mit der freundlichen Bedienung trinken möchte?«

Womöglich prickelt's aber trotzdem nur im Glas.

Dann war es die falsche Frau. Oder aber das falsche Wasser. Von »harmonisch weich« über »zart mineralisch« bis zu »fein abgerundet mit leichter Mineralnote« finden Wasserpäpste wie Claus Arius oder Arno Steguweit in ihren Mineralwasser-Guides perlende Prosa für mehr als zweihundert Marken aus aller Welt.

Da will natürlich auch die Gastronomie nicht hinten anstehen und schlägt zwischen 230 und 500 Prozent auf den Preis, bei den VIPs auf der Wasserkarte sogar bis zu 2000 Prozent. Für »mehr oder weniger unverschämt« hält das nicht nur Siegfried Schaber, der Ehrenpräsident des Verbands der Köche Deutschlands.

Aber 16 Prozent aller Getränkeumsätze werden heute mit Mineralwasser erzielt. Alle anderen alkoholfreien Getränke zusammen erreichen 12 Prozent. Echte Gourmets lassen es sich eben gerne etwas kosten, die »Durchblutung der Mundschleimhaut mit prickelnder Kohlensäure zu fördern und damit die Geschmacksnerven für neue kulinarische Genüsse empfänglich zu machen«. Blubbert jedenfalls ein Abfüller in der Gebrauchslyrik seiner Werbeprospekte.

Aber muss man dafür gleich zur Flasche greifen?

Der Durchschnittsverbrauch von derzeit zirka 130 Litern Mineralwasser pro Kopf und Jahr kostet uns je nach Marke 50 bis weit über 100 Euro. Für 1000 Liter aus dem Hahn in Bad oder Küche müssen wir im Bundesdurchschnitt etwa 1,77 Euro berappen. Ob der Schluck aus der Flasche gesünder ist als aus der Leitung, darüber streiten sich die Experten.

Die Wasserbetriebe verlautbaren regelmäßig, dass unser normales Trinkwasser jedem Mineralwasser mindestens ebenbürtig, wenn nicht überlegen sei. Es werde gründlicher untersucht und unterliege schärferen Kontrollen.

Aber Trinkwasser hat ein Imageproblem. Außerdem sind

bei der Aufbereitung von Rohwasser zu Trinkwasser rund fünfzig chemische Zusatzstoffe erlaubt.

»Natürliches Mineralwasser« dagegen ist ein reines Naturprodukt aus unterirdischen Wasservorkommen. Man kann es nicht herstellen. Mineralwasser durchläuft zweihundert Analysen, bevor es in den Handel gebracht werden darf, darunter Tests auf Umweltgifte von Arsen bis Quecksilber.

Schon beim Austritt aus der Quelle muss es mikrobiologisch und chemisch rein sein. Zugesetzt werden darf lediglich Kohlensäure, die geheimnisvoll aufsteigenden Perlen, ausgefiltert werden dürfen nur Schwefel und Eisen.

Und damit sind wir endlich bei unserer Alltagsfrage.

Der Hinweis »enteisent« auf dem Etikett der Sprudelflasche bedeutet, dass dem Mineralwasser das Eisen weitgehend entzogen worden ist. Das geschieht durch natürliche Verfahren wie etwa Belüftung und Abtrennung über Sandfilter und hat rein ästhetische Gründe. Eisen ist nicht schädlich, sondern wird im Körper unter anderem für die Bildung der roten Blutkörperchen benötigt.

In einer abgefüllten Wasserflasche aber würde der Mineralstoff innerhalb kurzer Zeit rostartige Abscheidungen bilden, also eine Art rötlichen Niederschlags, der optisch unschön hervorsticht und den Kunden wohl nicht gerade zum Kauf reizen würde.

Bleibt noch weiteres Rätsel zu knacken: Wenn also »enteisent« nichts mit »enteisen« zu tun hat – wie manchmal irrtümlich vermutet wird –, müsste dann nicht grammatisch richtig »enteisenend« auf dem Etikett stehen?

Nein – sagt die Sprachberatungsstelle der Dudenredaktion (0 90 01–87 00 98, 1,86 Euro pro Minute aus dem deutschen Festnetz): Die Vorsilbe ent- drückt in Verbindung mit Verben im Allgemeinen aus, dass etwas wieder rückgängig gemacht, also in den Ausgangszustand zurückgeführt wird.

Das Verb »enteisen« bedeutet »von Eis befreien«, das erste Partizip heißt somit »enteisend« (ein enteisender Scheibenreiniger«), das zweite Partizip »enteist« (die enteiste Windschutzscheibe). Dagegen bedeutet »enteisenen« so viel wie »vom Eisengehalt befreien«, das erste Partizip lautet demnach »enteisenend« (das enteisenende Verfahren), das zweite Partizip »enteisent« (ein enteisentes Mineralwasser).

Und da diese Antwort auf eine an sich recht simple Frage ohnehin schon überlang ausgefallen ist, hängen wir rasch noch ein letztes Rätsel an: Heißt es eigentlich »grammatisch richtig« oder »grammatikalisch richtig«?

Im kultigen »Zwiebelfisch-ABC« von Spiegel-online wird auch dieses aufgelöst: In dem Film *Die zwölf Geschworenen* mit Henry Fonda ereifere sich einer der Geschworenen über die vermeintlich »grammatisch falsche« Ausdrucksweise des Angeklagten und werde dafür – ausgerechnet von einem Immigranten – mit den Worten verbessert: »Es heißt grammatikalisch.«

Das war 1957, und damals galt »grammatikalisch« noch als standardsprachlich. Inzwischen ist es veraltet, das kürzere Adjektiv »grammatisch« hat sich durchgesetzt. Man könne heute also nicht mehr von richtig oder falsch sprechen, sondern höchstens von altmodisch und neumodisch.

Wieso nimmt uns der Kellner im Restaurant die Speisekarte gleich mit der Bestellung wieder ab?

Die Antwort der Pressestelle des Deutschen Hotel- und Gaststättenverbands (DEHOGA) auf diese Anfrage ist freundlich und sachlich:

»Nachdem der Gast gewählt und seine Bestellung aufgegeben hat, wird ihm die Servicekraft in der Regel die Speisekarte abnehmen. Denn je nach Größe des Tisches und Größe der Speisekarte würde es in den meisten Fällen stören, die Karte am Platz zu belassen. Sofern der Gast aber noch ein bisschen in der Karte blättern möchte, etwa um sich einen umfassenden Überblick über die angebotenen Gerichte zu verschaffen oder um – soweit vorhanden – der Speisekarte Informationen zur Geschichte des Hauses oder der Betreiberfamilie zu entnehmen, kann natürlich die Karte beim Gast bleiben.

Der Gast sollte seinen Wunsch artikulieren. Klassischerweise wird dem Gast für die Dessertauswahl die Karte noch einmal gereicht.«

Platzgründe also.

Als die österreichische Tageszeitung *Der Standard* die Frage aufwarf, warum wir im Restaurant nie die Speisekarte behalten dürfen, entspann sich eine angeregte und sehr unterhaltsame Diskussion unter den Lesern – mit hämischen, spaßigen und differenzierten Beiträgen. Einige Beispiele:

»Leute, es ist schlicht so, dass der/die bemitleidenswerte KellnerIn sonst nicht mehr weiß, ob an eurem Tisch die Bestellung schon entgegengenommen wurde. Oder glaubt hier ernsthaft jemand, dass ein vom puren Stress, puren Alkohol und sonstigen Narkotika schwer beeinflusster Mensch euer Gesicht noch weiß, wenn er/sie sich umdreht? Wohl kaum. Also macht es den Herrschaften nicht zu schwer, und lasst die Dinge ihren gewohnten Gang nehmen, es sollte doch ein paar fixe Rituale im Leben geben.«

Oder: »Zwei Gründe, die einander ergänzen, sind dafür verantwortlich. Erstens: In den meisten Restaurants ist die Speisekarte höherwertiger als das Essen. Zweitens: Wenn schon, dann nimmt man die Speisekarte ohne, das Essen aber mit Bezahlung mit nach Hause. Daher bekommt man die Speisekarte weggenommen, das Essen aber vorgesetzt.«

Oder: »In der klassischen Gastronomie macht man wenige Karten, die dafür in schöne Mappen. Die Karten bleiben meist auf Wunsch bei Tisch, wenn genug vorhanden sind (für die aktuelle Auslastung des Lokals).

In der Systemgastronomie – mit geringem oder gar keinem Wechsel der Speiseangebote – werden die Karten immer für eine Saison gedruckt und verbleiben am Tisch. Manche Kellner servieren ab, damit nicht zu viele Karten verschwinden, denn die gedruckten werden häufig mitgenommen, die meisten Restaurants lassen aber gleich ausreichend hohe Stückzahlen in günstiger Qualität drucken.«

Oder: »Grund eins: Der Kunde soll schnell wieder vergessen, wie teuer das war, was er bestellt hat. Grund zwei: Der Kunde soll sich nicht die Karte mit nach Hause nehmen und später mal vergleichen, wie die Preise zwischenzeitlich gestiegen sind.«

Schließlich meldeten sich auch Kellner zu Wort – und konterten mit einer erhellenden Kategorisierung ihrer verschiedenen Gäste:

- »*Typ 1:* Weiß genau, was er/sie will, schaut kurz in die Karte, bestellt, braucht sie nachher nicht mehr.
- *Typ 2:* Weiß gar nicht, was er/sie will, überlegt ewig und ringt sich dann zu einer Entscheidung durch, wobei man keinesfalls durch den Verbleib der Karte ein neuerliches Umdenken anregen sollte.
- *Typ 3:* Weiß prinzipiell, was er/sie will, bestellt, möchte danach aber noch in Ruhe das Angebot prüfen. Seltene Ausnahme, darf auf Nachfrage die Karte behalten.
- *Typ 4:* Notorischer Kleptomane. Besser die Karte gleich wieder mitnehmen.

- *Typ 5:* Is(s)t eigentlich im falschen Lokal für seinen/ihren Geschmack. Sollte man nicht durch Verbleib der Karte auf die Idee eines Lokalwechsels bringen.« (Zitiert nach http://derstandard.at/)

Wer hat nun Recht?

Statt offen Partei für die eine oder andere Auffassung zu ergreifen, widmen wir uns abschließend lieber der ebenso interessanten Frage, wer die Speisekarte eigentlich erfunden hat:

»Anlässlich eines Banketts bei den Fuggern während des Reichstages von Augsburg 1555 lag dem Braunschweiger Herzog Heinrich ein langer Zedel (mittelhochdeutsch für Zettel; Anm. d. Autors) vor, den man als erste Speisekarte bezeichnen kann.

Der Herzog war sehr dick, eine Folge seiner Vorliebe für üppige Speisen. Da zu solchen Banketten eine Unmenge an Gängen und Gerichten offeriert wurden, sah Heinrich die Notwendigkeit, diese vorher zu kennen, damit er seinen Appetit auf die besten einstellen konnte und für spätere ein Plätzchen freilassen konnte. Der Fugger'sche Küchenchef stellte ihm auf seine Bitte eine Liste der Köstlichkeiten auf.

Es ist wohl die erste Speisekarte, die in Deutschland erwähnt wird, und somit Herzog Heinrichs Erfindung.« (Zitiert nach www.speisekarten-seite.de)

Stimmt es, dass man Teig und frisches Brot nicht essen soll?

»Meine Mutter hat früher immer zu mir gesagt, dass man von frischem Brot Bauchweh bekommt …«

So wie diese Leserin im Webforum der Gesellschaft für Ernährungsmedizin und Diätetik, ist wohl jeder von uns schon einmal als Kind gewarnt worden.

Aber kann das wirklich sein? Denn andererseits: Wer isst heutzutage noch altes Brot, wo doch die meisten Bäckereien die herrlich duftenden Laibe ständig frisch aus dem Backofen holen und ihrer Kundschaft noch warm feilbieten? »Dann müsste sich ja die halbe Republik vor Schmerzen krümmen«, heißt es denn auch in einer Erwiderung auf das eingangs zitierte Posting.

Da ist wohl etwas dran.

Ist die These zu gewagt, dass unsere Mütter und Großmütter vielleicht einfach nur keine Lust hatten, das liegengebliebene alte Brot später selber zu essen, während wir Kinder uns gleich nach dem Einkaufen lieber über die ganz frische Ware hermachten? Und uns deshalb vor warmem Brot warnten?

Zugegeben: Mit Teig – für Kinder ebenfalls eine beliebte Nascherei – ist das anders. Davon kann man tatsächlich Bauchschmerzen bekommen. Denn im Teig sind so genannte Backtriebmittel. Dazu gehören Hefe und Backpulver. Sie sorgen dafür, dass Kuchen oder Brot aufgehen und schön locker werden. Sie produzieren aber auch Kohlendioxid. Und wenn dieses Gas in den Magen gelangt, kann das zu Blähungen und Bauchschmerzen führen. »Also lieber keinen rohen Teig essen!«, empfiehlt der gute »Dr. Mo« von der *WDR*-Sendung *Wissen macht Ah!*

Bei frischem Brot dagegen sind solche Vorbehalte ganz unnötig. Durch die Hitze beim Backen werden die Backtriebmittel abgetötet. Von frischem Brot bekommt man also keine Bauchschmerzen – es sei denn, man isst zu viel davon.

Wieso wird Obst matschig-braun, wenn die Schale verletzt ist?

Bananen zum Beispiel: Beim Einkauf sollte man darauf achten, dass die Schale keine Druckstellen oder Risse hat, denn meist sind die Früchte dann im Inneren bräunlich matschig und schmecken nicht mehr.

Aber wieso?

Früchte sind voller Gerbstoffe, so genannter Phenole, die zu den sekundären Pflanzenstoffen zählen. Sie geben unter anderem der Frucht ihre Farbe und gelten auch für die Obstesser als bioaktive und gesundheitsfördernde Substanzen.

Wird nun die Schale einer Banane (oder eines Apfels oder einer anderen Frucht) eingedrückt oder aufgeschnitten, gelangt Sauerstoff in die Frucht, mit dem die Phenole chemisch reagieren – und zwar in Form von Oxidation. Man könnte also vereinfacht sagen, die Früchte »rosten«, so ähnlich wie ein eingedellter Kotflügel am Auto.

Der braune Farbstoff, der durch Phenoloxidase an den Druck- oder Schnittflächen von Obst, Kartoffeln und Pilzen gebildet wird, ist übrigens Melanin. Also das gleiche Pigment, das auch unsere Sommerbräune hervorruft.

Melanin hat eine Schutzfunktion: bei uns Menschen gegen den schädlichen Einfluss der UV-Strahlen von Sonne oder Solarium. Bei Apfel, Birne, Banane, Pfirsich und Co. gegen Schädlinge wie Bakterien, Pilze oder Insekten, die in die Schnittfläche einzudringen versuchen.

Wieso zerbrechen rohe Spaghetti nie in zwei Stücke, sondern immer in mehrere?

Kaum zu glauben – aber diese Frage galt noch bis vor kurzem als ein ungelöstes Toprätsel der Physik.

Schon der populäre Physiknobelpreisträger Richard Feynman (1918–1988) soll sich intensiv damit befasst haben, und als der Physiker Pierre-Gilles de Gennes 1991 den Nobelpreis bekam und im Fernsehen gefragt wurde, welche Probleme die Physik noch zu lösen habe, sagte er: »Die zerbrochenen Spaghetti.«

Man mag sich darüber amüsieren, womit Wissenschaftler sich so alles beschäftigen. Oder auch die Frage aufwerfen, wo eigentlich die Grenze zwischen dem kuriosen Ig-Nobel-Price (siehe »Stimmt es, dass Nahrungsmittel, die auf den Boden gefallen sind und nicht länger als fünf Sekunden dort liegen, aufgehoben und noch gegessen werden können?«) und dem echten Nobelpreis verläuft.

Aber Wissenschaft entsteht nun mal aus Neugier, aus dem Drang, verstehen zu wollen.

Und nichts weiter wollten die französischen Physiker Basile Audoly und Sébastien Neukirch von der Pariser Universität Pierre et Marie Curie, als sie sich anno 2005 folgenden Versuchsaufbau überlegten: Anstatt Spaghetti an beiden Enden zu fassen und durchzubiegen, konzentrierten sie sich auf den kritischen Moment des ersten Bruchs: Danach nämlich schnellen die überdehnten Spaghetti zurück. Um diese Situation nachzubilden, klemmten sie ein Ende der Spaghetti fest und spannten das andere Ende zur Seite, allerdings nur so weit, dass die Nudel nicht brach. Anschließend ließen sie sie zurückschnellen.

Wozu dieses? »Wenn ein Material bricht, dann entspannt es sich normalerweise danach gleich wieder«, erklärte Audoly im Deutschlandfunk. »Bei Spaghetti ist das nach unseren Beobachtungen ganz anders. Die Nudeln zerbrechen ein erstes Mal, doch die Fragmente entspannen sich nicht. Stattdessen kommt es zu weiteren Brüchen.«

Audoly sagt selbst, das sei nur schwer nachvollziehbar.

Dennoch versuchte er tapfer, das wundersame Verhalten des Hartweizens den Hörern fassbarer zu machen: »Wenn die Biegespannung zu hoch wird und die Nudel bricht, schnellen die entstehenden zwei Fragmente abrupt wieder in den geraden Zustand zurück. Vielleicht innerhalb einer Tausendstelsekunde. Das geht so schnell, das setzt die Reststücke erneut großem Stress aus. Es entstehen Wellen, die sich in den Spaghettifragmenten ausbreiten und sie abermals überbiegen, über ihre Toleranzschwelle hinaus. So kommt es zu einer Kaskade von Folgebrüchen.« (Zitiert nach www.dradio.de)

In bis zu zehn, zwölf Teile könne eine rohe Spaghettinudel auf diese Weise zerbröckeln, sagen die Franzosen, die das Ganze nicht nur mit einer Hochgeschwindigkeitskamera gefilmt haben, sondern nun auch mit mathematischen Gleichungen beschreiben können.

Und eine ganz praktische Schlussfolgerung ziehen Audoly und Neukirch aus ihren Versuchen immerhin auch noch: »Wenn Sie Spaghetti unbedingt vor dem Kochen halbieren wollen, dann umklammern Sie sie ganz fest in der Mitte. Sie kriegen dann nur zwei Stücke. Denn in Ihren Händen können sie sich nicht weiter verbiegen!«

Wieso setzen sich Teeblätter immer in der Tassenmitte ab?

Nicht nur Richard Feynman, auch andere Genies wie die Nobelpreisträger Albert Einstein oder Erwin Schrödinger beschäftigen sich mit ganz alltäglichen Problemen. »Beide Physiker hatten sich etwa intensiv mit dem Teetassenphänomen auseinandergesetzt«, erklärte die Wissenschaftsredaktion der Tageszeitung *Die Welt* im März 2005 ihren Lesern.

Was es damit auf sich hat? Liegen in einer Teetasse mit flachem Boden einige Teeblättchen, dann kreisen diese beim

Umrühren mit der Flüssigkeit um den Löffel. Wenn man aufhört zu rühren, sammeln sich die Blätter jedoch nicht etwa am Rand der Tasse, wie aufgrund der Fliehkraft zu vermuten wäre, sondern in der Mitte des Tassenbodens.

Aber warum? »Nach längerem Nachdenken entdeckte Einstein des Rätsels Lösung: Die Flüssigkeit in der Tasse rotiert nicht wie ein starrer Körper, sondern wird nahe der Wandung durch Reibung verlangsamt. Dieser Effekt ist in der Nähe des Tassenbodens stärker als in größerer Höhe des Tassenrands. Dadurch wiederum wird eine Zirkulation in der Tasse ausgelöst, sodass eine kreisförmige Strömung entsteht – am Tassenrand nach unten, dann über den Boden und in der Mitte der Tasse wieder nach oben. Von dieser Strömung werden die Blättchen in die Tassenmitte getragen. Dort bleiben sie liegen, weil die Strömung zu schwach ist, sie in der Mitte der Tasse nach oben zu reißen.«

Wieso kann man sich an Suppe leichter den Mund verbrennen als an Kaffee?

Bei vielen Suppen, insbesondere bei Fleischbrühen, schwimmt auf der Oberfläche eine Fettschicht. Fett hat nun aber einen wesentlich höheren Siedepunkt als Wasser – Wasser verdampft bekanntermaßen bei 100 Grad Celsius, Fett hingegen erst bei etwa 150 Grad Celsius.

Deshalb ist die Fettschicht der Suppe beim Essen noch sehr heiß, und man kann sich leicht den Mund verbrennen.

Wieso kann man sich an Chili, Pfeffersoße oder anderen scharfen Speisen buchstäblich die Zunge »verbrennen«?

Bleiben wir bei Chili.

Chili enthält Capsaicin, einen so genannten Schärfe verursachenden Stoff. Und scharfe Speisen wirken auf der Zunge genauso wie kochend heiße Suppe: Sie reizen die Nervenenden der Wärmerezeptoren und lösen Feueralarm an den Schmerzsensoren aus, die dem Gehirn eine Verbrennung melden.

Die geschmackliche »Schärfe« von scharfem Essen ist medizinisch gesehen also ein Schmerzempfinden. Da diese Empfindung nicht auf einer tatsächlichen Temperaturerhöhung beruht, können auch kalt genossene scharfe Speisen als heiß empfunden werden.

Allerdings gilt auch: Scharf gewürzte Speisen schmecken umso schärfer, je heißer sie serviert werden.

Warum tun wir uns das so gerne an?

Da der Organismus prompt auf die vermeintliche Hitzeempfindung reagiert, schüttet er Stresshormone wie Adrenalin und Endorphine aus. Das Resultat ist, dass man sich gut fühlt. Kein Wunder, dass Chili-Fans dieses »Naturdrogen«-Erlebnis immer wieder haben wollen.

Und außerdem weiß jeder Fan von scharfem Essen, dass Peperoni, Curry, Tabasco und Co. das Geschmacksempfinden erhöhen. Die scharfen Anteile der Gewürze wirken als Geschmacksverstärker: Die gereizten Rezeptoren in den Schleimhäuten werden besser durchblutet, somit auch die benachbarten Geschmacksnerven, welche dadurch wiederum empfindlicher sind für die eigentlichen Geschmacksrichtungen süß, sauer, bitter, salzig und umami (siehe dazu auch: »Stimmt es, dass wir fünf Geschmackswahrnehmungen haben und nicht nur vier?« in: *Warum Krokodile nur bei Gewitter Sex haben … und weitere neue Rätsel des Alltags*, Knaur 2006).

Wie heißt das Gegenteil von »durstig«?

Hungrig – satt.

Durstig – ???

Tja. Am ehesten vielleicht »nicht durstig«. Oder gibt es ein einzelnes, treffendes Wort dafür?

Nicht wirklich.

Sogar der Duden-Verlag und die Gesellschaft für Deutsche Sprache sind hier an den Grenzen ihrer Kompetenz angelangt. Deshalb schrieben sie 1996 zusammen mit einer Getränkefirma einen Wettbewerb aus, um endlich eine Bezeichnung für den Zustand »nicht durstig« zu finden. 45 000 Vorschläge gingen ein, darunter »sitt«, das zwar von der Jury prämiert, aber bis heute nicht in den Duden aufgenommen wurde, weil kein Mensch es benutzt, obwohl es an »satt« angelehnt und einfach einsilbig ist.

Und so gibt es bis heute kein offizielles oder auch nur allgemein gebräuchliches Wort für »nicht (mehr) durstig«, obwohl es immer mal wieder entsprechende Aufrufe gibt, zum Beispiel von der *ZDF*-Kindersendung *Löwenzahn*. Dort gewannen folgende Vorschläge einen Preis: »Abgefüllt«, »frupp«, »entdurstet«, »trankgesättigt«, »unverdurstet«, »undurstig«, »satttrunken« und »trinkneinnich«.

Wie kam der Bienenstich zu seinem Namen?

Ein Kuchen aus Hefeteig mit Vanillecreme- oder Sahnefüllung, bedeckt von einer knusprigen Mandel-Krokant-Platte, zieht im Sommer scharenweise Wespen an, die natürlich auch mal zustechen können, wenn man sie vertreiben will.

Allerdings heißt das Teil ja nicht »Wespenstich«, sondern »Bienenstich« – mit der besonderen Anziehungskraft von Fluginsekten, die Süßes lieben, kann der Name also nichts zu tun haben.

Womit aber dann?

Die Stadt Andernach am Rhein hütet die populärste – mutmaßlich sogar wahre – Herkunftslegende: Vor mehr als einem halben Jahrtausend, im Jahr 1474, sollten die Andernacher von den aufgebrachten Bürgern der Stadt Linz am gegenüberliegenden Rheinufer überfallen werden. Die waren mächtig sauer, weil der Kaiser ihnen ihre wichtigste Einnahmequelle entzogen und Andernach zugesprochen hatte: den Rheinzoll.

Im Morgengrauen rückten die Linzer an und glaubten, leichtes Spiel mit den als trinkfeste Langschläfer bekannten Andernachern zu haben. Doch zwei Bäckergesellen – Fränzje und Döres – waren schon auf den Beinen und erklommen zufällig genau im richtigen Moment die Stadtmauer, um die Feinde herannahen zu sehen.

Was die beiden frühmorgens dort oben zu suchen hatten? Sie wollten Honig aus den Bienenkörben naschen, die auf der Stadtmauer standen.

Stattdessen packten sie nun die Körbe und bewarfen die Angreifer damit, die prompt die Flucht vor dem wütenden Bienenschwarm ergriffen.

Zur Feier des Tages backten die Andernacher einen besonderen Kuchen und nannten ihn Bienenstich.

Ist H-Milch auch nach dem Öffnen länger haltbar als Frischmilch?

Nein. Sobald die sterile Verpackung aufgebrochen wird, verliert H-Milch ihren Haltbarkeitsvorteil gegenüber frischer Milch.

Nur ungeöffnet kann H-Milch bei normaler Raumtemperatur mehrere Monate gelagert werden, da sie homogenisiert und ultrahoch erhitzt wurde.

Was heißt das?

Zur Herstellung von H-Milch wird Kuhmilch für die Dauer von unter einer Sekunde auf etwa 150 Grad Celsius erhitzt und danach wieder auf 4 bis 5 Grad Celsius heruntergekühlt. Durch diesen extremen Temperaturunterschied wird die Milch annähernd keimfrei gemacht, mit anderen Worten: sterilisiert. Ultrahoch erhitzte Milch enthält also keine vermehrungsfähigen Keime mehr. Außerdem verändert sich die Struktur des enthaltenen Milcheiweißes. Dieser Vorgang wird »denaturieren« genannt und führt zu einer geschmacklichen Veränderung der Milch (und macht sie leichter verdaulich).

Anschließend wird die H-Milch »homogenisiert« – eigentlich ein nicht notwendiger Vorgang, der rein unter ästhetischen Gesichtspunkten erfolgt: Milch enthält 3 bis 4 Prozent Fett, welches nicht in der Flüssigkeit gelöst ist, sondern als Fettkügelchen in der Milch schwimmt. Beim Homogenisieren wird die Milch mit Überdruck durch feine Düsen gepresst, um diese Fettkügelchen zu zerstäuben, also gleichmäßig fein zu zerkleinern. Dadurch setzt sich das Milchfett nicht so schnell als Rahmschicht ab.

Frischmilch wird dagegen nur pasteurisiert, das heißt in der Regel für eine Dauer von 15 bis 40 Sekunden auf 72 bis 75 Grad Celsius erhitzt und danach sofort wieder abgekühlt. Dabei werden etwa 99,5 Prozent aller Keime in der Milch abgetötet. Pasteurisierte und bei 3 bis 6 Grad Celsius gelagerte Milch bleibt etwa sechs bis zehn Tage genießbar.

Frischmilch enthält mithin noch einen geringen Teil ihrer natürlichen Bakterien, die sich auch in der geschlossenen Verpackung vermehren.

Öffnet man allerdings eine Packung H-Milch, dann schwindet deren Haltbarkeitsvorteil schnell, denn jeder Luftzug bringt Bakterien in die Milch, die dort auf idealen

Nährboden treffen. Deshalb ist geöffnete H-Milch nicht wesentlich haltbarer als Frischmilch.

Ist in Weingummi wirklich Wein drin?

Ja, manchmal.

Die Firma Haribo zum Beispiel sagt, sie nenne ihre Fruchtgummis nur dann »Weingummis«, wenn tatsächlich Wein in die Masse gegeben werde. Dabei gehe es aber nur ums Aroma, der Alkohol verdampfe bei der Verarbeitung.

Sportliches

Ist das Wort »Golf« die Abkürzung für »Gentlemen only, Ladies forbidden«?

Golf – eine reine Männerdomäne?

Durchaus nicht. »Die meisten Frauen sind beweglicher als ihre Männer und erlernen leichter einen eleganten Golfschwung«, schwärmen Kenner. »Sie bewegen sich graziös und ästhetisch auf den Golfplätzen und schwingen anscheinend ohne Kraft. Sie spielen eher kürzere Bälle auf den Bahnen – aber dafür gerade Bälle, und sie müssen nicht so oft im hohen Gras ihre Bälle suchen.«

Ebenso kann keine Rede davon sein, dass jene holländischen Edelleute, die im Jahr 1296 ihre Freizeit mit der Urform des Golfspiels verbrachten, ausschließlich männliche Geschlechtsgenossen auf dem Feld duldeten.

Möglicherweise leitet sich das Wort »Golf« vom holländischen »kolf« ab – eine damals gebräuchliche Bezeichnung für einen Stock oder Schläger, wie er auch beim Kricket oder Hockey verwendet wurde. Da das Rasenspiel etwa ab Mitte des 15. Jahrhunderts besonders in Schottland sehr viele begeisterte Anhänger fand, könnte indes auch der alte englische Ausdruck »goulf« oder »gowf« Pate gestanden haben, was so viel wie »Schlag« bedeutete.

Wie auch immer: »Es ist eine Freude, das Spiel der Damen zu beobachten«, ist zum Beispiel in dem Standardwerk *Ladies Golf* von Vivien Saunders zu lesen.

Dem dürfte niemand ernsthaft widersprechen wollen.

Ist Rückenschwimmen gesünder als Brustschwimmen?

Eigentlich nicht – wenn die Technik stimmt.

»Brust« hat jeder in der Schule gelernt, und mal ehrlich: Wer kann überhaupt rückenkraulen, was viele Ärzte zur Stärkung der Rückenmuskulatur und zur Entlastung von Wirbelsäule und Bandscheiben empfehlen? Außerdem sieht man dabei nichts, Zusammenstöße im vollen Schwimmbad sind vorprogrammiert.

Auch unter gesundheitlichen Aspekten ist Brustschwimmen optimal; nur eben nicht so: Kopf aus dem Wasser und Beine auf Tauchstation – Hauptsache, die Frisur leidet nicht. Wer den Kopf aus dem Wasser hält, überlastet die Halswirbelsäule und durch die ungünstige Wasserlage mit Hohlkreuz auch die Lendenwirbelsäule, ganz zu schweigen von den Wirbel- und Kniegelenken.

Aber wie geht's richtig?

Indem man wie eine Robbe »strömungsgünstig« durchs Wasser gleitet: Kopf, Brustkorb, Hüfte und Beine sollten immer auf einer horizontalen Linie bleiben.

Was das genau bedeutet, hat das Fitness-Blatt *Vital* seinen Leserinnen und Lesern ausführlich erläutert:

1. *Gleiten:* Der Körper liegt lang auf dem Wasser und gleitet. Die bis in die Zehenspitzen gestreckten Füße sind eng beieinander, die Arme lang nach vorne gestreckt, die Handflächen zeigen abwärts, Finger geschlossen halten. Der Kopf liegt im Wasser, leicht ins Wasser ausatmen und Augen offenhalten. Aus dieser ruhigen Position heraus beginnt der Bewegungszyklus.
2. *Wasser fassen:* Handflächen drehen leicht nach außen, die Arme öffnen sich langsam etwas mehr als schulterbreit. Nun klappen die Hände nach unten und drücken dynamisch und schnell vor der Brust das Wasser weg. Es fühlt sich wie kleine Kreisbewegungen an. Dabei die Restluft

kräftig ausatmen und, wenn der Kopf über Wasser am höchsten ist, wieder einatmen. Die Beine dabei langsam anziehen.

3. *Schwunggrätsche:* Die Unterschenkel und die Fersen langsam zum Po ziehen, dabei die Fußgelenke beugen und nach außen drehen. Die Knie nur etwa hüftbreit öffnen. Nun die Arme kräftig strecken. Als Abdruckfläche dienen die Innenseiten der Füße und die Unterschenkel.
4. *Dynamischer Beinschlag:* Nun werden die gestreckten Beine kraftvoll (bei Knieproblemen sanfter) zusammengeschlagen. Dieser Impuls bringt viel Vortrieb.
5. *Arme strecken:* Die Hände an der Wasseroberfläche gerade nach vorn schieben.
6. *Gleiten:* Kopf wieder tief ins Wasser tauchen (entlastet den Nacken). Der Körper treibt nun in der langen Gleitphase entspannt auf dem Wasser.

Stimmt es, dass Seitenstechen von der Milz kommt?

Das ist eine Möglichkeit – allerdings nur eine von mehreren.

Kurios: Bis heute gibt es keine eindeutige wissenschaftliche Erklärung für den bohrenden Schmerz unterhalb der Rippen, der bei starker körperlicher Belastung auftritt, etwa beim Laufen, Schwimmen oder Radfahren.

Mediziner haben nur einige Hinweise parat: Der Schmerz hat offenbar etwas mit der Atmung beziehungsweise der Sauerstoffversorgung zu tun. Und Letztere erfolgt bekanntlich über den Blutkreislauf. Das Blut wird beim schnellen Laufen aber vor allem von der schwer arbeitenden Muskulatur beansprucht, und es könnte deshalb zu einer vorübergehenden Unterversorgung der Leber kommen.

Deshalb tritt, meinen einige Experten, Seitenstechen auch meistens rechts auf. Man spricht von einem »Kapselschmerz«, der nach dieser Theorie in der Leberkapsel entsteht, wenn dort ein erhöhter Blutrückfluss in Richtung Muskulatur erfolgt.

Auch eben die Milz könnte schuld sein. Dieses Organ liegt im linken Oberbauch und hat unter anderem die Aufgabe, Blut zu speichern. Wenn sich der Sportler verstärkt anstrengt, brauchen die Muskeln mehr Blut. Die Milz wird auf den Plan gerufen. Um den Saft des Lebens in die Blutbahnen zu pressen, zieht sie sich zusammen – und das tut weh.

Andere Annahmen: Seitenstechen könnte bedingt sein durch Minderversorgung des Darms mit Blut, vor allem des Dickdarms. Darmkrämpfe würden dann zu Seitenstechen führen. Oder: Seitenstechen entsteht durch eine verminderte Durchblutung des Zwerchfells bei schnellen Belastungen.

Oder: Es liegt an der Ernährung. Falsches oder maßloses Futtern vor dem Sport macht uns schwer. Das belastet Leber, Magen, Dick- und Dünndarm. Diese Organe kümmern sich um unsere Verdauung, und sie hängen als Bandapparat an unserem Zwerchfell. Sind sie zu schwer, wird das Zwerchfell nach unten gezogen – auch das schmerzt.

Oder Sauerstoffunterversorgung: Atmet der Sportler falsch oder ist seine Bauchmuskulatur zu schwach, löst das Verkrampfung aus – im Zwerchfell. Auf diese Weise soll eine fehlerhafte Atemtechnik beim Sport zu den unangenehmen Schmerzen im Bauch führen.

Auch zu schwache Bauchmuskulatur, eine falsche Körperhaltung und zu enge Kleidung, die das Atmen behindert, werden als Ursachen diskutiert.

Egal, welche Theorie Recht behält, die Schmerzen sind erst einmal da. Was kann man also unternehmen?

Spiegel-online empfiehlt: »Den Döner vor dem Sport ausnahmsweise weglassen, zum Beispiel. Sportler sollten mindestens zwei Stunden zwischen Essen und Training warten. Auch sollte die Belastung beim Training nur langsam gesteigert werden. Keine Experimente, keine Überforderung für Untrainierte. So wird die Atmung langsam an die Körperbelastung herangeführt, das Seitenstechen wird vermieden.«

Und wenn trotzdem der Schmerz in die Seite rauscht? Das Hausrezept schlägt Tempodrosseln vor. Langsamer laufen und dabei tief und regelmäßig in den Bauch einatmen. Auch kann man beim Gehen die Arme hochnehmen oder sich die Hände auf die schmerzende Stelle pressen. Beim Ausatmen dann den Druck lösen und den Oberkörper leicht nach vorne beugen. Dann klappt's auch wieder mit der Bestzeit.

Wieso wird Rudi Völler »Tante Käthe« genannt?

Rudi Völler war zweifellos ein großartiger Spieler und Trainer. Seine einzige Schwäche deckte er selbst auf: »Was meine Frisur betrifft, da bin ich Realist.«

Und tatsächlich war es nicht etwa eine Lieblings- oder Erbtante, die dem Weltmeister von 1990 seinen Spitznamen »Tante Käthe« einbrachte. Sondern die früh ergrauten Haare, eigenwillig kombiniert mit Vokuhila-Locken (»vorne kurz, hinten lang«).

Allerdings trugen in den 1980ern fast alle späteren Weltmeister – sei es Andras Brehme, Thomas Hässler, Lothar Matthäus, Guido Buchwald oder Jürgen Klinsmann – den Pony kürzer und die Nackenhaare lang. Und mittendrin tummelte sich Rudi Völler mit seiner Silberlockenmahne, die Nationalelfkumpel Thomas Berthold 1986 im WM-Trainingslager auf »Tante Käthe« brachte.

Schon bei der WM 1974 konnte man denken, alle Spieler hätten denselben Frisör. Wie die gesamte Bundesliga trugen

Breitner, Netzer und Co. die Haare lang und wild mit Rechts- oder Linksscheitel.

Zehn Jahre später dominierte ein neuer Einheitsschnitt reihenweise die Köpfe der Spieler: eben der Vokuhila. Erst ab Mitte der 1990er Jahre war alles erlaubt: Nun wurde gefärbt, geschoren, wurden Muster rasiert und Glatzen ebenso präsentiert wie konturloses Gewalle.

Und seither berichten die Medien nicht mehr nur über die Spiele, sondern auch über die haarigsten Momente einer Fußballweltmeisterschaft. Wie etwa über David Beckhams Mohikanerkamm 2002 in Japan oder den punkigen Halb-Irokesenschnitt von Bastian Schweinsteiger 2006 in Deutschland.

Wieso geben sich die brasilianischen Fußballnationalspieler Künstlernamen?

Kennen Sie Edson Arantes do Nascimento?

Oder Nelsón de Jesus Silva?

Oder Robson de Souza?

Wohl nicht unbedingt. Sehr viel geläufiger dürften hingegen die Namen Pelé, Dida und Robinho sein. Unter diesen Alias liefen beziehungsweise laufen die Genannten für die brasilianische Fußballnationalmannschaft auf.

Ballkünstler, die sich entsprechend klangvolle Künstlernamen geben?

Nicht wirklich.

»Ronaldinho« zum Beispiel bedeutet »der kleine Ronaldo«.

Doch dieses Pseudonym erhielt der zweimalige Weltfußballer des Jahres, Ronaldo de Assis Moreira, mitnichten zur Unterscheidung von seinem großen Namensvetter, dem 2002er-Weltmeister Ronaldo. Ronaldinho bekam seinen

Spitznamen schon als Kind, daher die Verkleinerungsform »-inho«, abgeleitet von seinem Vornamen Ronaldo.

Auch die populären Namen seiner Kickerkollegen leiten sich von den Spitznamen ab, die sie teilweise schon in ihrer Kindheit oder Jugend bekommen haben. Als »Künstlernamen« kann man sie daher eigentlich nicht bezeichnen.

»Kaká« etwa ist in Brasilien ein geläufiger Spitzname für Carlos, »Cicinho« für Cícero. Diese Spitznamen werden in der Schule genauso wie auf dem Fußballrasen sehr häufig verwendet.

Zudem ist es in Brasilien – ganz im Gegensatz zu Deutschland – üblich, andere Menschen mit dem Vornamen anzureden, auch wenn man sie nicht kennt. Daher stehen die Vor- und Spitznamen auch auf den Trikots der Spieler. Ganz abgesehen davon, dass zum Beispiel Ronaldos Nachname Luís Nazário de Lima gar nicht aufs Trikot passen würde.

Und wenn nun mehrere bekannte Spieler den gleichen Spitznamen haben?

Nehmen wir als Beispiel den aktuellen brasilianischen Nationalspieler Juninho Pernambucano. Da sein Spitzname »Junior« (beziehungsweise »Juninho«) recht häufig ist, wurde bei ihm zusätzlich die Bezeichnung »Pernambucano« angehängt, da er aus dem nordostbrasilianischen Bundesstaat Pernambuco stammt. Und das unterscheidet ihn nun von Juninho Paulista aus São Paulo, der für den São Paulo Futebol Clube und später bei Middlesborough in England gespielt hat.

Wieso soll der gefoulte Spieler nie selbst den fälligen Elfmeter schießen?

Das ist so etwas wie eine eherne Fußballregel – die indes als widerlegt gelten darf. Es sei denn natürlich, der Spieler wurde bei dem Foul verletzt oder gerät aus Wut über seinen unfairen Gegenspieler so in Rage, dass er sein erhitztes Gemüt erst wieder ein wenig abkühlen muss.

In allen anderen Fällen ist es heute eigentlich nichts Besonderes mehr, wenn jener Spieler den Elfmeter ausführt, der ihn herausgeholt hat. Denn die Statistik gibt ihm recht: In den fünf Bundesliga-Spielzeiten von 1993/94 bis 1997/98 wurden 78,5 Prozent aller Elfmeter verwandelt. Trat jedoch der Gefoulte selbst an, lag die Erfolgsquote um 11 Prozent höher, nämlich bei fast 90 Prozent, hat der *FAZ*-Sportredakteur Christian Eichler nachgerechnet.

Der Münchner Sportwissenschaftler und Fußballforscher Roland Loy hat mehr als tausend Strafstöße, die in Länderspielen verhängt wurden, analysiert und kommt zu dem Ergebnis: 76 Prozent der Elfmeter wurden verwandelt, von gefoulten wie von nicht gefoulten Schützen. Anders ausgedrückt: Nach Loys statistischer Auswertung trifft der gefoulte Spieler als Elfmeterschütze zumindest genauso häufig wie jeder andere Spieler. Beide Gruppen hauen im Durchschnitt von 100 gepfiffenen Strafstößen 76 rein.

Warum ist das Trikot der deutschen Fußballnationalmannschaft schwarzweiß?

Schwarz und Weiß waren die Landesfarben Preußens – sie leiteten sich von dem weißen Mantel der Deutschordensritter mit schwarzem Kreuz ab. Preußen ging 1871 im Deutschen Reich auf, und drei Jahre später fand das erste Fußballspiel in Deutschland statt.

Der Braunschweiger Gymnasiallehrer Konrad Koch war bei seiner Suche nach einem pädagogisch wertvollen Bewegungsspiel beim Football englischer Prägung fündig geworden. Ein Kollege hatte nämlich einen Lederball aus England mitgebracht, und an einem Herbsttag 1874 warfen sie ihn unter ihre Schüler auf einem kleinen Exerzierplatz vor den Toren Braunschweigs.

Bereits 1890 gingen aus den neu gegründeten Fußballabteilungen zahlreicher Turn- und Sportvereine im ganzen Land der »Bund Deutscher Fußballspieler« und der konkurrierende »Deutsche Fußball- und Kricket-Bund« hervor. Bei der Wahl der Trikots orientierte man sich aus Traditionspflege an den Farben der bereits bestehenden und gesellschaftlich geachteten Turnbewegungen: eben dem preußischen Schwarzweiß.

Und als 1908 das erste offizielle Länderspiel gegen die Schweiz anstand, passte das Schwarzweiß der Deutschen optimal, da die Eidgenossen ganz in Rot antraten.

Die Weimarer Republik gab sich dann 1919 die Nationalfarben Schwarz, Rot und Gold. Der Deutsche Fußball-Bund (gegründet 1900 in Leipzig) aber blieb bei seinen Trikotfarben.

Wieso fällt im Fernsehen ein Tor manchmal erst einige Sekunden später als auf dem Fußballplatz?

Bei der Fußball-WM 2006 in Deutschland war mancherorts ein seltsames Phänomen zu beobachten: Erst hörte man die Jubelschreie der deutschen Fans aus den Fenstern oder von öffentlichen Plätzen. Und erst ein paar volle Sekunden später schlugen die Gäste eines portugiesischen Restaurants entsetzt die Hände vors Gesicht – etwa beim ersten Tor der DFB-Kicker im »kleinen Finale« gegen Portugal (3:1).

Dass live nicht unbedingt live bedeutet, ist seit Einführung des Satellitenfernsehens bekannt: Wenn das Fernsehsignal den Umweg über einen Satelliten in knapp 36 000 Kilometern Höhe nimmt, dann benötigt es rund eine Drittelsekunde länger, als wenn es direkt über Antenne ausgestrahlt wird.

Seit das analoge Antennenfernsehen aber durch DVB-T, also digitales Fernsehen, ersetzt wurde, ist die Antenne gewaltig ins Hintertreffen geraten. Die Ursachen liegen in der Digitaltechnik.

Der Spiegel und Experten des Computermagazins *c't* machten sich ans Rechnen:

Schon in den Playout-Centern (den Orten, an denen digitale Programme über ein spezielles Gerät namens Multiplexer zusammengeführt und zum Satelliten oder terrestrischen Sender weitergeleitet werden) entstünden Verzögerungen von 0,3 bis 0,5 Sekunden. Hinzu komme ein zusätzlicher Zeitaufwand für die Digitalisierung und Kompression ins so genannte MPEG-2-Format (was etwa DVD-Qualität entspricht). Und auch der DVB-T-Receiver trage zum Hinterherhinken des Digitalfernsehens bei: Er muss das Signal dekodieren und analogisieren, diese Rechenaufgabe kostet Zeit.

»Die Verzögerung ist von Receiver zu Receiver verschieden, weil meist noch eine Fehlerkorrektur im Gerät hinzukommt«, erklärt Sven Hansen von *c't*. Dafür müssten die Daten intern gepuffert werden – sie werden also vor der Ausgabe an den Fernseher zwischengespeichert.

In den Broschüren fürs digitale Fernsehen ist von drei bis fünf Sekunden Verzögerung die Rede. Unterschiede gebe es aber auch von Programm zu Programm, je nachdem in welcher Form die Sender ihr Fernsehsignal für DVB-T zur Verfügung stellen.

»Das *ZDF* spielt sein Programm von vornherein digital aus und hat deshalb nach unserer Erfahrung bei DVB-T die geringste Verzögerung«, sagt Hansen. Bei aktuellen Messungen in Hannover habe diese nur zwei Sekunden betragen. Bei der *ARD* seien es hingegen sechs Sekunden gewesen.

Offenkundig werden die Verzögerungen, wenn man einen analogen Kabelanschluss mit DVB-T vergleicht, wie es beispielsweise in einer engen Altstadtgasse mit mehreren Kneipen nebeneinander beziehungsweise gegenüber möglich ist. Das Analogkabel ist am schnellsten, DVB-T hinkt deutlich sicht- und hörbar hinterher.

Warum nennt man vorgetäuschte Fouls beim Fußball »Schwalbe«?

Zumindest im deutschsprachigen Raum.

In England heißt ein Fußballspieler, der im Strafraum theatralisch fällt und sich gotterbärmlich am Boden windet, »Diver«, also »Taucher«, was wohl etwas mit »abtauchen« zu tun hat (»to dive« kann allerdings auch »einen Sturzflug machen« heißen).

Hier bei uns dagegen scheinen die Fans mit den Pseudogefoulten eher das Bild von einem »Tiefflieger« zu verbinden. Daher die »Schwalbe« – denn diese Vögel sind dafür bekannt, dass sie besonders elegant und geschickt fliegen können, und das auch ganz dicht über dem Boden.

Warum sind Fußballtore genau 7,32 Meter breit?

7,32 Meter sind genau 8 Yard – eine englische Maßeinheit.

Die heutigen Fußballregeln stammen nämlich im Wesentlichen aus England. Vor etwa zweihundert Jahren wurde dort eine Spielweise üblich, bei der das Herumtragen des Balls, Faustschläge und dergleichen explizit verboten waren.

Die Regeln dafür schrieb 1863 die neu gegründete »Football Association« fest, und mit einigen Verfeinerungen haben diese sich dann in der ganzen Welt durchgesetzt. Die seltsame Torhöhe von 2,44 Metern kommt übrigens auch daher: Das sind 8 Fuß.

Fremdländisches

Wieso können Chinesen kein »R« sprechen?

Gegenfrage: Können Sie »Arancha« auf Anhieb so aussprechen, dass es wie echtes Spanisch klingt? Oder »Villariba«? Also mit jenem südländischen rollenden Zungen-R? Vermutlich nicht. Es sei denn, Sie haben lange geübt. Spanisch-Anfänger erzeugen dabei nicht selten eine Art Zungenschlag, der das gewünschte »Rrrr« eher wie ein L klingen lässt. Ganz ähnliche Probleme haben Chinesen mit dem R in westlichen Wörtern.

Es gibt durchaus einen Laut, der in Pin Yin – also in der Umschrift der chinesischen in westliche Zeichen – als R notiert wird. Ausgesprochen aber wird dieses R so ähnlich wie im Amerikanischen. »Drücken Sie die Zunge gegen den Gaumen, schieben Sie sie ziemlich weit nach hinten in den Rachenraum, und sagen Sie jetzt ›R‹ – das ist phonetisch in etwa das chinesische R«, erklärt die Sinologin Gudula Linck von der Uni Kiel. Deshalb klingt es oft seltsam, wenn ein Chinese ein deutsches Wort mit einem R darin ausspricht.

Geübte mit gutem Sprachtalent meistern es besser als weniger Geübte. Letztere weichen dann mitunter auf den Konsonant L aus, weil der einfacher ist. Aber grundsätzlich können Chinesen durchaus ein R sprechen.

Dass Harry Potter in China »Hali Bote« heißt, hat einen anderen Grund: Namen nichtchinesischer Herkunft lassen sich meist nicht mit chinesischen Zeichen darstellen, da ein Zeichen jeweils für eine Silbe der chinesischen Sprache steht. Die Silben »Har« und »ry« und »ter« gibt es aber in China nicht. Nur in den seltensten Fällen gelingt es daher, den Klang des ursprünglichen Begriffs im Chinesischen zu bewahren.

Wieso ist der Stille Ozean eigentlich »still«?
Stürme gibt es dort ebenso viele wie auf jedem anderen Ozean.

Doch als der portugiesische Seefahrer und Entdecker Ferdinand Magellan 1520 zwischen Feuerland und der Südspitze Südamerikas die Einfahrt vom Atlantik in den Pazifik gefunden hatte (die spätere »Magellanstraße«), erlebte er diesen Teil seiner Reise völlig störungsfrei. Deshalb taufte er den Ozean den Stillen oder – nach dem lateinischen Wort »pax« (Frieden) – den Pazifischen Ozean.

Weshalb fühlt sich das Meer am Bauch viel kälter an?
Unsere Temperatur ist in der Körpermitte normalerweise höher als an den Extremitäten. Die Folge: Wenn der warme Bauch ins kalte Meer kommt, ist der Temperaturschock viel größer als für Füße, Beine und Hände. Im kalten Wasser verengen sich außerdem die Blutgefäße, damit die Kälte langsamer ins Körperzentrum transportiert wird.

Will heißen: Der Bauch bleibt länger warm – und findet das Wasser entsprechend länger kalt.

Wieso haben Flugzeugreifen nur Längsrillen?
Ein Profil mit Querrillen wie beim Autoreifen würde zu viel Rollwiderstand erzeugen – beim Start der Maschine wäre mehr Motorleistung erforderlich.

Außerdem wären solche Reifen für die extrem hohen Geschwindigkeiten bei Start und Landung (je nach Flugzeugtyp zwischen 250 und 400 Stundenkilometer beim Start und zwischen 230 und 280 Stundenkilometer bei der Landung) nicht geeignet: Die Stollen würden davonfliegen.

Wieso hat die Luft Löcher?

Plötzlich ist der Auftrieb weg, das Flugzeug ruckelt kräftig und scheint hunderte von Metern in die Tiefe zu fallen. Die Passagiere hebt es vom Sitz, in der Kabine gibt's spitze Schreie und bereitgehaltene Papiertüten.

Das Flugpersonal spricht dann für den Laien mitunter von »Luftlöchern« und versucht sie durch Vergleiche mit dem Straßenverkehr zu erklären: Ein Luftloch sei so etwas Ähnliches wie ein Schlagloch, wenn das Auto einen Moment lang keinen Asphalt mehr unter den Rädern hat. Und in der Luft sei eben mancherorts keine Luft da …

Das ist natürlich barer Unsinn, denn »luftleere« Löcher in der Luft gibt es nicht. Wenn die Maschine plötzlich nach unten absackt und die Passagiere das Gefühl haben, sich im freien Fall zu befinden, fliegt das Flugzeug durch eine heftige, abwärts gerichtete Luftströmung – eine so genannte Fallbö.

Solche Abwinde entstehen überall dort, wo warme, aufsteigende Luft abkühlt und wieder nach unten sinkt, etwa hinter einem Gebirge. Diese fallenden Luftmassen tragen das Flugzeug einige Dutzend, mitunter auch an die hundert Meter in die Tiefe. Und zwar so lange, bis der Pilot den Vortrieb (also die Kraft, die die Maschine nach vorne bewegt) an die neuen Windverhältnisse angepasst hat.

Die Hauptsache aber ist: Das Flugzeug fliegt – egal ob der Wind von vorne, hinten, oben, unten oder von der Seite kommt.

Wieso werden Indianer auch »Rothäute« genannt?

Die Ureinwohner Amerikas sind aufgrund des Klimas und ihrer Lebensweise zumeist gut gebräunt, aber »rote« Indianer gab es nur auf dem Kriegspfad oder bei religiösen

Festen. Den Spitznamen »Rothäute« (»Redskins«) vergaben die weißen Eroberer aufgrund der Sitte der Indianer, im Krieg Gesicht und je nach Stamm auch den kompletten Körper rot anzumalen.

Die Farbe Rot signalisierte die kriegerische Absicht und sollte dem Gegner Furcht einjagen. Die Bemalung diente allerdings auch dazu, den Körper bei festlichen Anlässen zu schmücken. Die Bezeichnung »Rothaut« ist dann besonders von den Autoren von Abenteuergeschichten auf die angebliche Hautfarbe der Indianer übertragen worden.

Wieso gilt San Francisco als Homosexuellen-Hochburg?

Es stimmt: Schätzungsweise 15 bis 20 Prozent der rund 744 000 Einwohner San Franciscos bekennen sich zu ihrer Homosexualität. Damit gilt die Westküstenmetropole als die »größte Schwulengemeinde der Welt«, gefolgt von Sydney (Australien).

Und das hat ausgerechnet etwas mit der Armee zu tun: Im Zweiten Weltkrieg war San Francisco eine wichtige Militärbasis und Ausgangs- beziehungsweise Endpunkt für zahlreiche Operationen der US-Marine im Pazifik. In der Stadt lebten also zeitweise Zehntausende Männer, die während der Kriegsjahre zur Armee eingezogen worden waren – darunter auch Homosexuelle, die von Kameraden unfreiwillig als homosexuell geoutet und daraufhin unehrenhaft entlassen wurden.

Dieser offizielle Verwaltungsakt, bei dem die Betroffenen ein »H« in ihre Personalpapiere gestempelt bekamen, bedeutete Diffamierung, Ausgrenzung und zumeist Arbeitslosigkeit. Viele dieser Exsoldaten entschlossen sich daher, in San Francisco zu bleiben. Und damit begann auch der entscheidende Zuzug schwuler Männer in die Stadt.

In den 1960er Jahren wurde San Francisco zum Zentrum von Flower-Power, Hippiebewegung und Gegenkultur einschließlich einer homosexuellen Revolution, die das endgültige Coming-out für San Franciscos Schwule und zunehmend auch Lesben mit sich brachte. 1977 verhalf die Wahl des (später ermordeten) homosexuellen Aktivisten Harvey Milk in den Stadtrat der Schwulenbewegung zu einem neuen Höhepunkt.

Zu dieser Zeit bekam San Francisco den Namen »Schwulenmetropole«, den sie noch heute innehat. »Diese Offenheit für anders lebende und anders denkende Menschen macht San Francisco so liebenswert«, wirbt der Bundesstaat Kalifornien auf seiner Homepage für die meistbesuchte Stadt der USA.

Warum hat die »Venus von Milo« keine Arme?

Wohl keine andere antike Plastik hat so viele Lobeshymnen von Dichtern und Schriftstellern und derart viele Hommagen von Malern und Bildhauern auf sich gezogen wie die Göttin aus Melos.

Dabei ist die Aphrodite-Statue, die 1820 auf der Kykladeninsel Melos (neugriechisch ausgesprochen »Milo«) von einem Bauern auf seinem Grundstück ausgegraben wurde, keineswegs perfekt: Bereits seit ihrer Entdeckung fehlen dem Marmorabbild der griechischen Göttin der Liebe und Schönheit (römisch: Venus) die Arme, und auch bei Nachgrabungen wurden sie nie gefunden.

Wieso nicht? Als einzige Erklärung kursiert eine nebulöse Geschichte, nach der die Arme bei einer Rauferei zwischen französischen Seeleuten und türkischen Soldaten abgebrochen und auf Nimmerwiedersehen im Meer versunken seien.

Denn Griechenland befand sich damals noch unter der Herrschaft türkischer Eroberer, und der wertvolle Fund wurde zunächst nach Konstantinopel gebracht, wo schließlich der französische Botschafter die Statue erwarb und sie durchs halbe Mittelmeer nach Frankreich verschiffte, um sie König Ludwig XVIII. zum Geschenk zu machen.

Historisch verbürgt ist die Kolportage um ein Machtgerangel zwischen Türken und Franzosen während der Überfahrt allerdings nicht.

Im Sommer 2003 ging durch die Presse, die Arme der versehrten Schönheit seien endlich aufgetaucht – in einem Keller in Südkroatien. Als Quelle dieser sensationellen Meldung ließ sich jedoch unschwer das amerikanische Juxblatt *Weekly World News* ausmachen, dem wir Schlagzeilen verdanken wie »Busenstarren hält Männer fit« oder »Außerirdische heilten mich von Diabetes«.

Ebenso rätselhaft wie der Verbleib ihrer oberen Extremitäten ist indes eine ganz andere Frage: Wieso gilt eine Figur ohne Arme als Inbegriff idealer Schönheit? Blättern wir dazu in einem Ausstellungskatalog der Skulpturhalle Basel, die einen Gipsabguss vom Original besitzt: Das Fehlen der Arme habe »den Siegeszug der Statue in der europäischen Rezeptionsgeschichte in keiner Weise beeinträchtigt, sondern im Gegenteil begünstigt, weil die fehlenden Teile die Phantasie der Zuschauer anregen und den Ausdruck des übrigen Körpers verstärken«, heißt es darin. Und weiter:

»Ob die Arme der Statue mit dem Schild ihres Gatten Ares ergänzt werden können oder ob die Statue irgendein anderes Attribut hielt – etwa den Apfel, das Siegessymbol im göttlichen Schönheitswettbewerb –, interessiert allenfalls den Archäologen, nicht aber die Masse der Bewunderer, die in täglichen Strömen die berühmteste antike Statue in ihrem Saal im Pariser Louvre bestaunen.«

Woher kommt der Name »Hell's Kitchen« für ein Stadtviertel in New York?

Die *West Side Story* spielt hier und auch der eindringliche Hollywood-Streifen *Sleepers* mit Brad Pitt – in der New Yorker Gegend westlich der 8th Avenue zwischen der 34. und 59. Straße. Heute wird sie »Clinton« genannt und ist ein aufstrebendes, attraktives und sicheres In-Viertel für die jungen Erfolgreichen.

Das war nicht immer so.

Am 22. September 1881 berichtete die *New York Times* über einen grässlichen Mehrfachmord in einer heruntergekommenen Mietskaserne in der 54. Straße und prägte in diesem Zusammenhang den Namen »Hell's Kitchen« als Bezeichnung für einen Ort, der noch heißer ist als die Hölle.

»Hell's Kitchen« war zu jener Zeit ein typisches Immigrantenviertel mit Fabriken, Holzlagern und Schlachthöfen. Zwischen Armut und Raumnot prägten Streitigkeiten der einzelnen Volksgruppen und Minderheiten den grauen Alltag ebenso wie Bandenkriege und Verbrechen jedweder Art. Nicht verwunderlich, dass der *New-York-Times*-Reporter in seinem Artikel vom »schmutzigsten Viertel der Stadt mit den niedrigsten Schichten der Bevölkerung« schrieb.

Aber: Selbst die berüchtigtste Gegend kann verändert werden. In den 1930er Jahren ließ man die schlimmsten Mietshäuser abreißen, und die Hochbahn in der Ninth Avenue, die über Generationen keinen Sonnenstrahl in die Straße gelassen hatte, wurde abgebaut.

»Es begann die erfolgreiche Zeit der Off-Broadway-Theater, und das Actors Studio in der West 44th Street brachte Stars wie Marlon Brando und Marilyn Monroe hervor«, kann man in der Stadtgeschichte von New York nachlesen. »Die Bewohner kümmerten sich um leerstehende

Plätze, legten Parks an und vertrieben die Kriminellen. Gegen Ende der 1950er Jahre plädierten Unternehmer für eine angenehmere Bezeichnung als Hell's Kitchen und schlugen in Anlehnung an den früheren Bürgermeister DeWitt Clinton den Namen ›Clinton‹ vor.«

Heute ist »Clinton« vor allem für seine Restaurants und das alljährliche International Food Festival bekannt. Und doch: »Trotz der neu gewonnenen Popularität halten einige Bewohner an der rauen Vergangenheit fest und benutzen noch den alten Namen: Hell's Kitchen.«

Warum heißt New York auch »Big Apple«?

Die amerikanischen Jazzmusiker der goldenen 1920er Jahre verwendeten in ihren Songs häufig »apple« (Apfel) als Synonym für Erfolg. Es gab große Äpfel, kleine oder sogar verfaulte (rotten apples). Als besonders erstrebenswert für eine Band oder einen Musiker galt es, in Harlem oder auf dem Broadway aufzutreten. Deshalb war für sie New York der »Big Apple« – bis heute.

Allerdings nahmen die Jazzer mit diesem Symbol lediglich etwas in ihr Repertoire auf, was sprachlich schon zu Anfang des 20. Jahrhunderts von dem Schriftsteller Edward S. Martin geprägt worden war.

In seinem Buch *The Wayfarer in New York* (Der Reisende in New York) formulierte Martin 1909: »New York ist lediglich eine der Früchte jenes großen Baumes, dessen Wurzeln im Tal des Mississippi gründen und dessen Äste sich von einem Ozean zum anderen breiten … Aber the big apple (New York) erhält einen unverhältnismäßig großen Anteil des nationalen Lebenssaftes.«

Damit umschrieb der Autor die Tatsache, dass die als bodenständig geltenden Bewohner des Mittleren Westens etwas neidvoll auf den demonstrativen Reichtum in der Ostküsten-Megametropole schielten.

In der Folgezeit übernahmen andere Schriftsteller, Journalisten und auch die amerikanischen Tourismusverbände das Bild vom »Big Apple« für New York.

Wieso haben manche Städte in Amerika einen Sheriff, andere dagegen einen Polizeichef?

Beim USA-Trip von einem Sheriff angehalten zu werden ist ein durchaus eigentümliches Erlebnis – entnehmen wir zum Beispiel einem Erfahrungsbericht im Reiseportal des Internetforums »Ciao«:

»Wenn man das Pech hat, vom Sheriff angehalten zu werden, läuft das folgendermaßen ab. Er fährt hinter einem her und macht dann kurz die Sirene und das Blaulicht an. Oft wird dann auch der Blinker schon rechts gesetzt. Man sollte dann rechts ranfahren, anhalten und das Fenster runterlassen.

Der Sheriff hält dann hinter euch an. Bitte NICHT aussteigen oder die Tür öffnen, stattdessen die Hände am besten auf dem Lenkrad lassen (da in Amerika Schusswaffen leichter zugänglich sind als bei uns, ist die amerikanische Polizei auch etwas misstrauischer als die deutsche). Und vor allem: Ruhe bewahren und schön freundlich und höflich sein und den Mann mit ›Sir‹ ansprechen.

Der Beifahrer verhält sich am besten passiv und behält die Hände auch da, wo der Beamte sie sehen kann. Was auch immer der Sheriff von euch sehen will (meistens Führerschein und Fahrzeugpapiere): nicht einfach rausholen, sondern immer erst sagen, was man tut (›Die Fahrzeugpapiere sind im Handschuhfach/in meiner Brusttasche‹).

Auch wenn ihr den Kofferraum aufmachen sollt, bitte nur aussteigen, wenn ihr dazu aufgefordert werdet.

Das klingt jetzt alles unheimlich dramatisch, meistens sind die Herren aber nett und freundlich. Und: Wie man in den Wald hineinruft, so schallt es auch meistens wieder raus.«

In aller Regel begegnet man Sheriffs in den so genannten Counties (regionalen Verwaltungseinheiten, die mit den deutschen Landkreisen vergleichbar sind) und in Kleinstädten. Das heißt, sie patrouillieren die ländlichen Gebiete in den USA.

Sheriffs sind so etwas wie »Wahlbeamte«. Sie werden direkt von der Bevölkerung als Ordnungshüter auf Zeit gewählt, manchmal im Nebenjob, manchmal hauptberuflich mit eigener Dienststelle und Hilfskräften (Deputies) – und haben weitreichende Befugnisse.

In Großstädten hingegen sitzt ein Polizeichef, der vom Bürgermeister ernannt wird und nur für das Stadtgebiet zuständig ist.

Wieso sind im Ausland die meisten Taxis gelb?

New York zum Beispiel. Dort fahren rund 12 000 gelbe Taxis, »Yellow Cabs« genannt. Sowohl diese Bezeichnung wie auch die Farbe Gelb gehen auf den Geschäftsmann John Hertz zurück, der 1907 in Chicago das erste Taxiunternehmen gründete.

Hertz war eigentlich Autoverkäufer und suchte nach einer Möglichkeit, seinen überschüssigen Fahrzeugpark anderweitig auszulasten. Bei seinen Planungen für das neue Geschäftsmodell stieß er auf eine Studie der Universität Chicago, nach der Gelb die Farbe mit der größten Signalwirkung sei. Also lackierte Hertz alle »Cabs« (Cab = eigentlich

»Pferdefuhrwerk« oder »Droschke«, später »Führerhaus«) gelb.

Bis heute sind in New York nur Yellow Cabs offiziell lizenziert, versichert und auch vergleichsweise günstig – im Gegensatz zu den so genannten Gypsy Cabs (gipsy = »Zigeuner«), bei denen der Fahrpreis sehr hoch werden kann.

In diesem Zusammenhang wollen wir gleich ein weiteres Reiserätsel lösen: Warum bekommt man in New York zwischen 16 und 18 Uhr so gut wie nie ein Taxi?

Weil um Punkt 17 Uhr Schichtwechsel ist. Fast immer nämlich teilen sich zwei Fahrer ein Fahrzeug, jeder fährt zwölf Stunden. Und damit jeder eine Rushhour mitbekommt, wird um fünf Uhr nachmittags gewechselt. Und wieder um fünf Uhr morgens. Wer dann in den Straßen unterwegs ist, sieht zwar viele Yellow Cabs – bloß wird keines anhalten.

Wer ist eigentlich »Uncle Sam«?

»Uncle Sam« ist die scherzhafte Bezeichnung für die US-Regierung – und im Gegensatz zu vielen anderen nationalen Verkörperungen und Identifikationsfiguren wie dem deutschen Michel, der französischen Marianne oder John Bull (England) gab es Onkel Sam wirklich.

Samuel Wilson betrieb zu Beginn des 19. Jahrhunderts eine Schlachterei in der Stadt Troy im US-Bundesstaat New York. Während des Amerikanisch-Englischen Krieges von 1812 bis 1814 versorgte er die Armee mit Rindfleisch. Seine Fleischfässer trugen die Prägung »U. S.« für United States, aber irgendwann redeten die Soldaten stattdessen von »Uncle Sam«.

Fortan wurde »Uncle Sam« im Sprachgebrauch immer dann verwendet, wenn es um das Eigentum der Regierung ging, bis Samuel Wilsons Kosename schließlich zum Symbol für die Vereinigten Staaten schlechthin avancierte.

Wenn wir an »Onkel Sam« denken, sehen die meisten von uns einen energischen weißhaarigen Mann mit Spitzbart vor sich, altertümlich gekleidet in den amerikanischen Nationalfarben Rot, Weiß und Blau und mit einem Zylinderhut auf dem Kopf. Er deutet mit dem Zeigefinger der rechten Hand auf den Betrachter, und darüber steht »I want you!« oder »U.S. Army wants you!«.

Diese wohl berühmteste Darstellung von Onkel Sam (aus der Feder des Zeichners James Montgomery Flagg) diente dem amerikanischen Militär im Ersten Weltkrieg als Rekrutierungsplakat und war so erfolgreich, dass es noch Jahrzehnte später immer wieder als Aufruf für den freiwilligen Eintritt in die Armee benutzt wurde.

Warum gilt in den USA das metrische System nicht?

Oder anders gefragt: Wieso bekommt ein Amerikaner in einem McDonald's in Paris nicht seinen gewohnten »Quarterpounder«, sondern einen »Royal mit Käse«? Darüber sinnieren John Travolta und Samuel L. Jackson in Quentin Tarantinos Kultkrimi *Pulp Fiction,* während sie Drogengelder eintreiben.

Tja, wieso eigentlich?

Zwar gibt es das »Pfund« als Gewichtseinheit auch bei uns (zirka ein halbes Kilo) – dennoch ist es eher ungebräuchlich und niemand käme auf die Idee, einen Burger »Viertelpfünder« zu nennen.

John Travolta als Mafiakiller Vincent Vega gibt sich in *Pulp Fiction* die Antwort selbst: »Wegen des metrischen Systems«, das in Europa gelte, nicht aber in den Vereinigten Staaten. Dort misst man nicht metrisch, sondern zum Beispiel in Inch (2,54 Zentimeter), Feet (30,48 Zentimeter), Yards (91,44 Zentimeter) und Meilen (rund 1,6 Kilometer).

»Metrisch« meint ein Einheitensystem, das auf dem Meter basiert beziehungsweise auf Zehnerpotenzen. Deshalb wird das Gewicht von Hamburgern auf hiesigen Speisekarten in Gramm und Kilogramm angegeben, auf amerikanischen dagegen in ounce (oz) = 1 Unze = 28,35 Gramm und pounds (lbs) = 1 Pfund = 16 Unzen = 453,59 Gramm).

Und doch liegt Vincent Vega nicht ganz richtig.

Kurioserweise ist die Umstellung auf das metrische System auch in den USA schon längst beschlossene Sache – allerdings nur halbherzig und auf »freiwilliger« Basis, denn sie kann sich in der Bevölkerung einfach nicht durchsetzen.

1975 verabschiedete der amerikanische Kongress den entsprechenden »Metric Conversion Act«, um die Metrisierung – also die Einführung des metrischen Systems – endlich voranzutreiben.

Einziger Erfolg dieser Initiative: Auf dem Highway »Interstate 19« zwischen Nogales, Arizona, an der Grenze zu Mexiko, und Tucson, Arizona, finden sich bis heute Entfernungsangaben in Kilometern. Weitere geplante Maßnahmen wurden damals jedoch sehr schnell von der »Federal Highway Administration« (dem Bundesstraßenamt) verhindert.

Schon fast hundert Jahre zuvor hatten US-Reformer den ersten Durchbruch für den Meter geschafft: Das Parlament erklärte 1866 den Gebrauch metrischer Maße und Gewichte in »allen Verträgen, Handelsabschlüssen und Gerichtsverfahren« für legal. 1875 unterzeichneten die USA zusammen mit sechzehn anderen Staaten den »Treaty of the Meter«, eine Art metrisches Gesetzbuch, auf dessen Grundlage das metrische System zum international anerkannten Messverfahren erklärt wurde.

Trotzdem lief etwas schief, denn Coladosen sind in den Staaten immer noch etwas größer als in Europa, weil sie »12 fluid ounces« beinhalten, also 355 Millitliter, im Gegensatz zu den 330-Milliliter-Getränkedosen bei uns.

Wieso?

Ganz einfach: »Das Volk rebellierte«, berichtet die in New York lebende Journalistin Andrea Böhm für die *Neue Zürcher Zeitung.* »Meteorologen protestierten gegen Celsius, Verbraucher gegen Hühnerfleisch pro Kilo. Die damals noch mächtigen Gewerkschaften wollten ihren Mitgliedern die gewaltige Umstellung nicht zumuten; viele Wirtschaftsunternehmen wehrten sich gegen die Kosten …

Die National Cowboy Hall of Fame in Oklahoma City zog gegen die Einführung des Kilometers vor Gericht, weil ›der Westen Zoll für Zoll und Meile für Meile‹ erobert worden sei. In Kneipen, Kirchen und Wohnzimmern argwöhnten die Bürger, Straßenschilder mit Kilometerangaben könnten sowjetischen Invasoren den Vormarsch nach Washington erleichtern.«

Und obgleich eine Supermacht, die auf dem metrischen Weltmarkt konkurrenzfähig bleiben will, es sich eigentlich gar nicht mehr leisten kann, in Unzen und Gallonen zu rechnen, ist kein neuerlicher Vorstoß in Sicht.

Denn der Meter ist eine Erfindung der französischen Akademie der Wissenschaften Ende des 18. Jahrhunderts, und selbst amerikanische Journalisten haben keine andere Erklärung für das Festhalten ihres Landes am angloamerikanischen Maßsystem als das Schlagwort »Tradition« sowie »guten, altmodischen, patriotischen Stursinn«.

Immerhin: Es gibt Ansätze, die den USA mittlerweile zumindest den Titel eines »soft metric country« eingebracht haben.

Hinter dieser Bezeichnung steckt ein chaotischer Systemmix, in dem Aspirin, Zahnseide, Filmrollen oder Briefmarken metrisch, Schrauben, Türrahmen, Schreibpapier oder Bildschirme nach alten Maßen produziert werden. Auf dem Flughafen lassen Amerikaner ihr Gepäck in Kilogramm abwiegen; im Fitnessraum stemmen sie 454 Gramm schwere Pfunde.

»Eigentlich benutzen wir das metrische System jeden Tag. Es will bloß keiner zugeben«, zitiert Andrea Böhm in ihrem *NZZ*-Bericht den Wirtschaftsjuristen Ken Butcher.

Und schreibt weiter: »Wie ein Kriminalbeamter, der nach einer Razzia konfiszierte Drogen vor der Presse ausbreitet, packt Butcher die Beweismittel auf den Tisch seines fensterlosen Arbeitszimmers: eine Dose Campbell-Tomatensaft und eine leere Packung Cheerios. Sein Zeigefinger zielt auf die Mengenangabe auf dem Etikett: 11,5 Unzen Saft enthält die Dose. 340 Milliliter – steht in Klammern dahinter.

In der Cheerios-Packung waren einmal 15 Unzen knusprige, geschmacklose Frühstücksflocken. Heute sind es 425 Gramm. Mundwasser, sagt Butcher, gebe es in Liter- und Halbliterflaschen, Katzenfutter und Teebeutel würden in Gramm abgewogen und verpackt, Frisbees nach Zentimeterdurchmessern produziert. Auch Coca-Cola stehe längst in Literflaschen im Regal.«

Wie schnell ist ein »Knoten«?

Das größte Kreuzfahrtschiff der Welt, der Ozeanriese »Freedom of the Seas«, macht 21,6 Knoten Fahrt – die »Titanic« brachte es 1915 immerhin schon auf stolze 12 Knoten. Ein Knoten entspricht einer internationalen Seemeile pro Stunde, das sind 1852 Meter.

Ein Schiff, das sich mit einer Geschwindigkeit von einem Knoten fortbewegt, legt also in einer Stunde eine Strecke von 1,852 Kilometern zurück. Die »Freedom of the Seas« kommt somit bei höchster Geschwindigkeit auf 40 Kilometer pro Stunde.

Und woher stammt die Maßeinheit »Knoten«?

Aus der Zeit, als auf Schiffen die Geschwindigkeit noch mit einem so genannten Handlog gemessen wurde. Das war ein dreieckiges kleines Holzbrett, das an ein langes Seil (die Logleine) gebunden und ins Wasser geworfen wurde.

Je schneller das Schiff fuhr, desto schneller rollte die Logleine ab. In der Logleine befanden sich Knoten, die gezählt wurden, solange eine Sanduhr (die Loguhr) für genau 14 Sekunden lief.

Die Anzahl der auslaufenden Knoten der Logleine während des Ablaufens der Loguhr ist gleich der Schiffsgeschwindigkeit in Knoten.

Stimmt es, dass in Amerika ein zum Tode Verurteilter frei ist, wenn er seine Hinrichtung überlebt?

1894 soll im US-Bundesstaat Mississippi der Mörder William Isaac Purvis gehängt werden. Als der Sheriff den wackligen Hocker unter Purvis' Füßen wegtritt, reißt der Strick, und der Verurteilte fällt unversehrt auf den Boden.

Der pflichtbewusste Gesetzeshüter knüpft einen neuen Knoten und will einen zweiten Versuch starten – aber die schaulustige Menschenmenge um das Geschehen herum ergreift nun so massiv Partei für den Delinquenten, dass Purvis zurück ins Gefängnis gebracht und sein Fall neu aufgerollt wird. Es stellt sich heraus, dass er die Tat gar nicht begangen hat, also unschuldig zum Tod verurteilt wurde.

Es sind solche herzerwärmenden Geschichten (Quelle: *The Natural History of Nonsense* von Bergen Evans), die den Mythos hervorgebracht haben, ein Todeskandidat sei von Rechts wegen freizulassen, wenn seine Hinrichtung aus irgendeinem Grund fehlschlägt.

Dahinter steckt die uralte Vorstellung von einem unanfechtbaren Gottesurteil, das sich in solchen spektakulären Zufällen offenbare.

In der Realität sieht es so aus, dass zum Beispiel ein technischer Defekt am jeweiligen Hinrichtungsgerät das Leben des Verurteilten nur so lange verlängert, bis das Problem behoben ist. Begnadigt wird er genauso wenig, wie der erfolgreiche Ausbruchsversuch eines Gefängnisinsassen mit dessen Freilassung belohnt wird.

Tatsächlich schlagen vor allem Hinrichtungen auf dem elektrischen Stuhl gar nicht so selten fehl, weil die vorgesehenen drei Stromstöße nicht ausreichen, um den Gefangenen zu töten. Kritiker der Todesstrafe beklagen, dass es dann zu menschenunwürdigen Grausamkeiten (das heißt: zu immer weiteren Versuchen) kommt, bis der Verurteilte schließlich vom Leben zum Tod gelangt ist.

Wieso ist in Afrika die Aidsrate so hoch?

Sogar in der südafrikanischen *Sesamstraße* ist Aids ein Thema.

Dort tritt die senfgelbe Puppe »Kami« in der Kindersendung auf. Das fünfjährige Waisenmädchen, dessen Mutter an Aids (Erworbenes Immundefektsyndrom/engl.: Acquired Immune Deficiency Syndrome) gestorben und das selbst mit dem Virus infiziert ist, gehört seit September 2002 zu den Charakteren von *Takalani Sesame* (siehe auch Bernd Harder: *Warum Krokodile nur bei Gewitter Sex haben ... und weitere neue Rätsel des Alltags,* Knaur 2006).

Die Figur soll der tödlichen Krankheit ein menschliches Gesicht geben und zeigen, dass man auch mit aidsinfizierten

Kindern ganz normal umgehen kann, verlautbart der Fernsehsender *SABC*. Und Nila Farouky von der südafrikanischen *Sesamstraße* ergänzt: »Die Kinder bei uns werden mit der verheerenden Krankheit schon sehr früh konfrontiert. Sie müssen zusehen, wie ihre Eltern und Freunde sterben, in einem Alter, in dem sich andere Kinder allenfalls mit dem Ausfall ihres ersten Milchzahns beschäftigen.«

Nach Schätzungen der Vereinten Nationen werden im Jahr 2010 in Südafrika 1,5 Millionen Aidswaisen leben.

Nach Angaben der Vereinten Nationen sind im gesamten südlichen Afrika wegen der starken Ausbreitung des Aidsvirus Millionen Menschen von Hunger bedroht. »Viele Menschen sind einfach zu krank, um auf den Feldern zu arbeiten oder Geld zu verdienen«, erklärte das Welternährungsprogramm (World Food Programme/WFP) der Vereinten Nationen im Sommer 2006.

Keine Region in der Welt sei von der Immunschwächekrankheit Aids so stark betroffen wie das südliche Afrika. Schätzungen zufolge ist dort in einigen Ländern etwa jeder dritte Erwachsene mit HIV (Humanes Immundefizienz-Virus) infiziert. Aids ist mittlerweile für eine Reihe von Staaten zur Existenzfrage geworden.

Insgesamt sollen im südlichen Afrika 7,2 Prozent der 15- bis 49-jährigen Männer und Frauen HIV-positiv sein – das sind fast 26 Millionen Menschen. Zum Vergleich: In West- und Mitteleuropa liegt die Aidsrate bei 0,3 Prozent (720 000 Menschen). Damit leben über 60 Prozent aller Aidsinfizierten weltweit südlich der Sahara. Die durchschnittliche Lebenserwartung dort ist wegen der Immunschwächeerkrankung um mehr als zehn Jahre gesunken und beträgt 47 Jahre. Ohne Aids wären es etwa 62 Jahre.

Die amtlichen Statistiken mögen ungenau sein, die Erfassungsmethoden werden hier und da angezweifelt; dennoch nimmt die Ausbreitung des Aidsvirus in Afrika unbestritten epidemische Ausmaße an.

Dafür ist ein komplexes Geflecht unterschiedlicher Faktoren verantwortlich, darunter Armut, Krieg, Benachteiligung von Frauen und Diskriminierung der Infizierten, unzureichende Gesundheitsversorgung und mangelnde Information und Bildung. Die Hauptgründe lassen sich in fünf Punkten zusammenfassen:

• *Die Präventionskampagnen begannen viel zu spät*
Während in Europa und Nordamerika die Bevölkerung schon früh nach der Entdeckung des HI-Virus Anfang der 1980er Jahre durch die Massenmedien über Übertragungswege und Vorbeugung informiert war, blieb Aids in vielen Teilen Afrikas lange Zeit ein Tabuthema. Dadurch hatte die Infektionskrankheit fast zwei Jahrzehnte Zeit, sich ungehindert zu verbreiten.

Außerdem: Der Kampf gegen Aids, Aufklärungskampagnen etc. erfordern hohe finanzielle Aufwendungen. Die afrikanischen Regierungen haben Schwierigkeiten, diese Mittel bereitzustellen, und immer wieder blockieren Korruption und Gewalt wirkungsvolle Antworten auf die Krise.

• *Es fehlen Kondome und Medikamente*
Um die Aidsepidemie wirksam einzudämmen, müssten Kondome in ausreichender Menge und Qualität zu annehmbaren Preisen zur Verfügung gestellt und zugleich offensive Aufklärung betrieben werden, damit die Verhütungsmittel auch akzeptiert werden.

Abgesehen von der Republik Südafrika werden jedoch in keinem anderen Staat südlich der Sahara Kondome produziert, sondern der Bedarf an Kondomen wird ausschließlich durch Spenden oder Importe gedeckt.

Und: Die Übertragung des HI-Virus von Mutter zu Kind spielt in den Industrieländern praktisch keine Rolle. In Afrika dagegen geben etwa ein Drittel der HIV-positiven Mütter das Virus an ihre Kinder weiter. Dieses Risiko, dass sich das Baby während der Schwangerschaft, der Geburt oder beim Stillen bei der Mutter ansteckt, kann mit Medikamenten entscheidend gesenkt werden.

In Afrika bieten die großen Pharmafirmen ihre Markenprodukte aber nicht an, und es gibt auch keine Nachahmerpräparate dieser Mittel. Auf diesen Missstand hat zum Beispiel die Hilfsorganisation »Ärzte ohne Grenzen« auf der Internationalen Aidskonferenz ICASA Ende 2005 in Nigeria hingewiesen.

Hinzu kommt, dass Kinderreichtum in Afrika einen hohen gesellschaftlichen Stellenwert hat. Eine große Anzahl von Nachkommen sichert nicht nur die Altersversorgung, sondern ist Ausdruck eines erfüllten und glücklichen Lebens. HIV-positive Paare zeugen weiterhin Kinder, weil Kinderlosigkeit ein gesellschaftlicher Makel und zudem noch für jedermann sichtbar ist. Ein Entwicklungshelfer berichtet: »Ich erzählte einem infizierten Ehepaar, wie hoch die Wahrscheinlichkeit sei, ein HIV-positives Kind zu zeugen. Die unerwartete Reaktion darauf war, dass man eben mehr Kinder zeugen müsse, damit auch gesunde darunter seien.« (Zitiert nach www.africalife.de)

• *Prostitution, sexuelle Ausbeutung und körperliche Gewalt*
In Afrika haben Mädchen und junge Frauen mittlerweile eine höhere Infektionsrate als gleichaltrige Männer. Ein Grund hierfür ist, dass junge Mädchen in persönlichen Zwangslagen häufig (ungeschützten) Sexualverkehr mit älteren Männern haben, die ihrerseits eine höhere Wahrscheinlichkeit haben, HIV-positiv zu sein.

Beispiele sind Lehrer, die für Sex gute Noten versprechen. Auch besteht noch vielerorts der überlieferte Aberglaube, dass sich ein Mann durch Geschlechtsverkehr mit einer Jungfrau von einer Geschlechtskrankheit »reinigen« kann.

Anderes Beispiel: Eine traditionelle Form der Witwenversorgung besteht vielerorts immer noch darin, dass die Frauen in den Besitz eines männlichen Verwandten übergehen. Dieses System, das früher dazu diente, die Hinterbliebenen zu versorgen, ist in den Zeiten von AIDS ein großes Problem.

Generell wird das Sexualverhalten in Afrika von den Männern bestimmt. Um den traditionellen Sexualnormen zu entsprechen, haben sie oft mehrere Partnerinnen, und viele lehnen den Gebrauch von Kondomen ab. Umgekehrt haben viele Mädchen und Frauen nie gelernt, über ihre Sexualkontakte und -praktiken selbst zu bestimmen.

In Westafrika ist wiederum Prostitution eine wesentliche Ursache für die Ausbreitung von Aids, in Botswana beispielsweise entlang der viel befahrenen Fernfahrerstraßen und Handelswege.

- *Tabuisierung*

Viele Afrikaner sprechen aus Angst vor Ausgrenzung nicht über Aidserkrankungen oder Aidstodesfälle in der Familie.

Denn das Thema Aids ist in Afrika immer behaftet mit Scham, Schuld, Furcht und Diskriminierung der Betroffenen. Eine junge Frau, die sich in einer Fernsehsendung zu ihrer HIV-Infektion bekannte, wurde von ihrer Nachbarschaft zu Tode gesteinigt, weil sie durch die Veröffentlichung Schande über die gesamte Gemeinde gebracht hätte.

Das führt natürlich dazu, dass die Betroffenen ihre Infektion verschweigen oder gar vor sich selbst verleugnen. Viele Menschen lehnen einen HIV-Test ab oder holen ihre Ergebnisse nicht ab, und darunter sind überdurchschnittlich viele Infizierte. Das weist darauf hin, dass sich nicht wenige Menschen scheuen, Gewissheit über ihren Zustand zu bekommen, obwohl sie ahnen, dass sie sich angesteckt haben könnten. (Zitiert nach www.africalife.de)

»Wichtigster Ansatzpunkt in Afrika – das heißt für die Afrikanerinnen und Afrikaner selbst – ist, das Tabu des Schweigens zu brechen und über Aids, Ansteckung und Prävention offen zu sprechen«, ist Bundesentwicklungsministerin Heidemarie Wieczorek-Zeul überzeugt.

• *Krieg, Flucht und Vertreibung*
Mannigfaltige soziale Katastrophen zerstören Familienbande, soziale Gefüge und gesellschaftliche Ordnungen in Afrika und fördern so die Ausbreitung der Krankheit. Mobilität ist ein wesentliches und kennzeichnendes Merkmal der aktuellen Situation vieler Gesellschaften südlich der Sahara, die sich im Übergang von traditionellen Kulturen zu Industrienationen nach westlichem Vorbild befinden. Die Menschen suchen ständig nach Möglichkeiten, ihren Unterhalt zu sichern.

Sie ziehen zur Arbeitssuche in die Städte, besuchen größere Märkte, um Waren zu verkaufen, und arbeiten in weit entfernten Großfarmen, Fabriken und Minen. So schrumpfen die Großfamilien der dörflichen Gemeinschaften, und die Trennung der Familien begünstigt außereheliche Sexualkontakte und häufigeren Partnerwechsel. (Zitiert nach www.africalife.de)

Was tun, um die Ausbreitung von Aids auf dem Schwarzen Kontinent zu verhindern?

Gesucht wird eine Strategie, die medizinische, soziokulturelle und ökonomische Aspekte kombiniert.

Anderenfalls könnte durchaus Wirklichkeit werden, was in der *Lindenstraße*-Folge »Bariyas Geschichte« dramatisch in Szene gesetzt wurde:

Eine hochschwangere Nigerianerin ist nach Deutschland geflohen, um ihr Baby hier zu bekommen. Im Krankenhaus stellen die Ärzte fest, dass die junge Frau Aids hat. Mary Sarikakis von der »Asylhilfe« wird als Dolmetscherin hinzugezogen. Sie nimmt das (gesunde) Kind der Nigerianerin zu sich und ist entschlossen, sich gegen die Aidssituation in Afrika zu engagieren.

Ein Kollege indes bremst sie: »Wir verlieren gerade einen Kontinent.«

Was bedeutet »Washington D. C.«?

Man könnte auch anders fragen: Wieso ist nicht New York die Hauptstadt der Vereinigten Staaten? Oder Chicago? Oder Los Angeles?

Weil der amerikanische Kongress sich 1783 nicht entscheiden konnte, welche der bereits existierenden Metropolen die Ehre bekommen sollte, Hauptstadt zu werden. Also musste zu diesem Zweck eine neue Stadt gegründet werden.

Den Standort suchte der spätere erste Präsident der USA, George Washington, aus, der zu diesem Zeitpunkt Kongressmitglied und Oberbefehlshaber der Kontinentalarmee im Amerikanischen Unabhängigkeitskrieg gegen England (und damit gewissermaßen der Führer der Unabhängigkeitsbewegung) war.

Washington entschied sich für ein 100 Quadratmeilen großes Areal zwischen den Bundesstaaten Maryland und Virginia. Da die zukünftige Hauptstadt ein neutrales und unabhängiges Staatsgebiet sein sollte, musste zugleich ein eigener Verwaltungsbezirk dafür geschaffen werden – der »District of Columbia«, angelehnt an den Amerika-Entdecker Christoph Kolumbus und kurz »D. C.« genannt.

Das Kürzel »D. C.« bringt also zum Ausdruck, dass die Hauptstadt Washington zu keinem US-Bundesstaat gehört, sondern selbst einen Bundesdistrikt bildet.

Etwas verwirrend: Es gibt zwar einen amerikanischen Bundesstaat Washington, aber der liegt im Nordwesten der Vereinigten Staaten, am Pazifischen Ozean, mit der Hauptstadt Olympia und Seattle als Metropole. Zur Unterscheidung ist deshalb für den Bundesstaat Washington die Formulierung »Washington State« gebräuchlich.

Wieso essen die Chinesen mit Stäbchen?

»Mit Messer, Gabel und Löffel geht's doch viel einfacher und besser«, meint ein User im www.wer-weiss-was-Forum. Und zählt auf:

»Versuch mal, mit Stäbchen ein Butterbrot zu schmieren.«

»Versuch mal, mit Stäbchen eine Buchstabensuppe zu löffeln oder Kaba umzurühren.«

»Ein Chinese kann nie ein großes Steak futtern.«

Na ja.

In Fernost schmieren Mütter ihren Kindern keine Butterbrote wie bei uns, sondern stellen jeden Morgen kleine Kunstwerke aus Reis, Fisch und Gemüse her, die sie sehr appetitlich in Behältern verpacken.

Große Teile wie etwa ein Wiener Schnitzel kommen in China ebenfalls gar nicht auf den Tisch. Im Reich der Mitte bereiten die Hausfrauen schon in der Küche alles vor: Fleisch und Gemüse werden in kleine mundgerechte Stückchen geschnitten, sodass man beim Essen gar kein Messer mehr braucht.

Kulturlos? Mitnichten, denn Messer werden dort als grobes Werkzeug für die Küchenarbeit angesehen. Und Werkzeug gehört nicht auf den Tisch. Außerdem benutzten die Chinesen bereits Essstäbchen, als alle anderen Menschen auf der Welt – Fürsten und Könige eingeschlossen – einfach mit den Händen gegessen haben.

Im Nordosten Chinas erzählt eine Volkssage, dass zu Zeiten der Xia-Dynastie vor etwa 4000 Jahren ein junger Mann namens Da Yu lebte. Er war tagaus, tagein mit der Flussregulierung beschäftigt, also mit dem Schutz der Bevölkerung vor Hochwasser. Da Yu aß sehr oft im Freien. Weil er sehr wenig Zeit zum Essen hatte und seine mitgebrachten Fertiggerichte – etwa gekochtes Fleisch – recht heiß waren, brach er deshalb immer wieder zwei dünne Zweige ab, um mithilfe dieser möglichst schnell essen zu können. Der Sage nach sind so die Essstäbchen entstanden.

Eine andere Vermutung der Historiker geht in eine ähnliche Richtung: Im chinesischen Altertum wickelte man Getreidekörner in Blätter ein, um sie dann im Feuer zu backen. Dabei wurden die in Blätter gewickelten Getreidekörner mit Zweigen gewendet, um sie von allen Seiten durchzuwärmen. Möglicherweise hat auch diese Methode des Backens die Entstehung der Essstäbchen gefördert.

Sicher ist, dass Löffel im alten China durchaus bekannt und gebräuchlich waren: »In der Jungsteinzeit aßen unsere Vorfahren ihren Reisbrei meistens mit dem Löffel. Fleisch und Gemüse jedoch wurden mit den Stäbchen in den Mund geführt, was einfach bequemer war«, hat *Radio China International* recherchiert.

Und: »In der Xia-Dynastie waren Essstäbchen noch etwas Neues und Unausgereiftes. Erst in einer langen Entwicklung über Hunderte von Jahren entstanden richtige Stäbchen« – und eine entsprechende Fertigungstechnik.

Während der Shang-Dynastie (1557–1030 v. Chr.) gab es sogar Elfenbeinstäbchen, in der Sui-Dynastie vor 1400 Jahren Silberstäbchen.

Die Essstäbchen, die man heute in China benutzt, bestehen meist aus Bambusrohr oder Holz und werden überall in China hergestellt. Besonders gefragt sind laut *Radio China International* jedoch Stäbchen aus Tianzhu-Holz, die in Hangzhou in der Provinz Zhejiang hergestellt werden, oder Stäbchen aus Wumu-Holz aus dem südwestchinesischen autonomen Gebiet Guangxi sowie die lackierten Essstäbchen aus Fuzhou in der Provinz Fujian. »Diese haben eine ganz besonders schöne Form und hohe Qualität.«

Faktum ist auch, dass die Essstäbchen bereits seit mehr als tausend Jahren auch in den chinesischen Nachbarländern Vietnam, Korea und Japan verwendet werden. Während der Ming- und Qing-Dynastie vor mehr als fünfhundert Jahren verbreitete sich das Esswerkzeug auch nach Singapur und Malaysia. Heutzutage isst man in ganz Asien und insbesondere in Südostasien mit Stäbchen.

Zum Vergleich: Unsere Gabel ist erst vor drei- bis vierhundert Jahren in Mode gekommen.

Schließen wir mit der berühmten »Ode an das Essstäbchen« des Dichters Chin Lianggui:

»Eifrig frage ich nach euch, den Bambusstäbchen,
Süßes und Bitteres bereitet ihr zu.
Doch während die Speisen die Menschen erfreuen,
eilt ihr ganz unverdient und ohne Lohn
durch sie hin und her.«

Wieso heißen die Indianer »Indianer«, obwohl sie in Amerika leben und nicht in Indien?

Angeblich glaubte der Amerika-Entdecker Christoph Kolumbus, in Indien gelandet zu sein – deshalb nannte er die amerikanischen Ureinwohner »Indianer«.

Falsch, klären die Experten von www.indianer.de auf: Kolumbus wusste nichts von Indien, denn zu seiner Zeit wurde das Land Hindustan genannt.

Der spanische Seefahrer schrieb, dass die Menschen, die er in der Neuen Welt antraf, »ein Volk in Gott« seien – »una gentre en dio«. Aus dem spanischen »en dio« wurde schließlich »Indio«, im Englischen »Indians«, wovon sich wiederum das deutsche Wort »Indianer« ableitet.

Wieso führen alle Wege nach Rom?

Auf diese Hörerfrage fand der Radiosender *Bayern 3* »zwei plausible Erklärungen«:

Erstens: In Rom wurde im Jahr 20 v. Chr. auf Befehl von Kaiser Augustus eine vergoldete Säule aus Bronze erbaut. Darauf standen alle Hauptstädte der Provinzen des Römischen Reiches – mit der jeweiligen Entfernung von Rom. Wer vor dieser Säule stand, hatte also den Eindruck, dass alle Wege nach Rom führen.

Zweitens: Eine zweite Deutung des Sprichworts kommt aus dem frühen Mittelalter: Rom galt als (geistiger) Mittelpunkt der christlichen Welt. Die Redewendung bezog sich also auf die Allmacht des Papstes: Alle Wege münden in die katholische Kirche.

Wieso liegt die »Oberpfalz« in Bayern?

Es gibt Bayern, und es gibt Rheinland-Pfalz.

Und es gibt die Oberpfalz. Das ist einer von sieben bayerischen Regierungsbezirken und liegt im Osten des Freistaats, an der Grenze zu Tschechien, mit Regensburg als Verwaltungssitz.

Nun wurde das Bundesland Rheinland-Pfalz erst 1946 gegründet – die Pfalz gibt es jedoch schon viel länger. Sie bestand einst aus einem Territorium, das heute Baden-Württemberg, Rheinland-Pfalz, Hessen, Bayern und das Elsass umfasst und von einem so genannten Pfalzgrafen regiert wurde.

Etwas verwirrend: »Pfalzgrafen« gab es viele, hinter dieser Bezeichnung verbarg sich lediglich ein leitender Amtsträger und Vertreter des Königs. Denn im frühen Mittelalter war eine »Pfalz« noch kein größeres Herrschaftsgebiet, sondern ein burgähnlicher Stützpunkt für den herumreisenden König.

Erst gegen Ende des 10. Jahrhunderts bezeichnete das Wort »Pfalz« nicht mehr nur befestigte Königshöfe, sondern auch die von Pfalzgrafen beherrschten Territorien. Pfalzgrafen herrschten zum Beispiel über Sachsen, Schwaben, Lothringen und Burgund.

Für die historische Pfalz waren die »Pfalzgrafen bei Rhein« zuständig, die in Heidelberg und Speyer residierten und traditionell dem Haus Wittelsbach entstammten, einem der ältesten Adelsgeschlechter Deutschlands. 1294 teilte sich das Haus der Wittelsbacher in zwei Hauptlinien: in die pfälzische und die bayerische.

Die bayerischen Ländereien waren jedoch deutlich größer als die pfälzischen. Um einen gerechten Ausgleich zu schaffen, wurden den Pfälzern deshalb Teile Bayerns dazugegeben. Diese Region hieß »die herobere Pfalz in Bayern«.

Aus dieser Bezeichnung entstand Anfang des 19. Jahrhunderts der Name »Oberpfalz«, und zwar im Zuge der Neuordnung des damaligen Königreiches Bayern.

Was bedeutet »Grüß Gott«?

Für einen »Zugereisten« ist es anfangs etwas verwirrend, in Bayern (oder auch in anderen Gegenden Süddeutschlands) mit einem frohen »Grüß Gott« begrüßt zu werden – und man ist durchaus versucht, darauf mit »Wenn ich ihn sehe ...« oder Ähnlichem zu antworten.

Das wäre allerdings grundfalsch. Denn diese Grußformel aus einer weit in die Vergangenheit zurückreichenden katholischen Volksfrömmigkeit bedeutet mitnichten, dass der Angesprochene Gott grüßen soll, sondern dass er von Gott gegrüßt beziehungsweise gesegnet wird.

»Grüß Gott« meint nämlich verkürzt »Es grüße dich Gott«, was wiederum identisch ist mit dem Segenswunsch »Gott segne dich« oder »Möge Gott dich segnen«.

Ähnliches kommt zum Beispiel im so genannten aaronitischen Segen im 4. Buch Moses des Alten Testaments zum Ausdruck: »Der Herr lasse sein Angesicht leuchten über dir und sei dir gnädig; der Herr hebe sein Angesicht über dich und gebe dir Frieden.«

»Hinter diesen Worten Aarons steht die Vorstellung eines altorientalischen Herrschers«, erklärt uns der Theologe Jens Bertram auf der christlichen Webseite www.nikodemus.net. Wenn Untertanen zur Audienz kamen, kam es darauf an, ob der König den Untertanen ansah, also »sein Angesicht über ihn hob«. Tat er dies, brachte er damit zum Ausdruck, dass er dem Untertanen wohlgesinnt war oder zumindest bereit war, sein Anliegen anzuhören. Tat er dies nicht, dann konnte der Untertan gleich wieder gehen, denn er hatte keine Chance auf Erfolg.

»Wenn also der aaronitische Segen davon redet, dass Gott sein Angesicht über einen Menschen heben möge, so wünscht er dem Menschen, dass Gott sich ihm gnädig und wohlwollend zuwendet, ihn und seine Anliegen ernst nimmt.

Sagt jemand ›Grüß Gott‹, dann wünscht er dem anderen, dass Gott ihm gnädig begegnet, also ihn in seiner Person und in seinen Gefühlen und Anliegen ernst nimmt. Von daher gesehen ist das ein sehr schöner Gruß, ein Segenswunsch – wenn man nicht voraussetzen müsste, dass die meisten Menschen, die ihn benutzen, kaum mehr das damit verbinden, was dahintersteckt.«

Unterhaltsames

Wieso heißt eine englische Polizeibehörde »Scotland Yard«?
Übersetzt heißt »Scotland Yard« schottischer Hof.

Nicht nur aus den Edgar-Wallace-Filmen oder John-Sinclair-Romanen wissen wir: Hinter dieser Bezeichnung verbirgt sich nicht etwa ein nationales Flächenmaß, sondern die Polizei von Großlondon wie auch zugleich deren Hauptquartier in einer Seitenstraße der Victoria Street im Londoner Stadtteil City of Westminster unweit des Westminster-Palasts.

Aber was hat Schottland mit der weltberühmten Londoner Polizeitruppe zu tun?

Scotland Yard ist mehrfach umgezogen und heißt heute offiziell »New Scotland Yard«. Als die Polizeibehörde 1829 gegründet wurde, hatte sie ihren Sitz in der Whitehall-Straße 4 (Number 4 Whitehall Place) im Regierungsviertel Westminster.

Und nun kommen zwei verschiedene Theorien über die Namensgebung »Scotland Yard« ins Spiel.

Erstens: Am Ende dieser Straße habe sich damals ein großes, unbebautes Stück Land befunden, das »Great Scotland Yard« genannt wurde, weil der Besitzer des Areals »Adam Scot« hieß.

Zweitens: Das Polizeigebäude habe an die ehemalige Londoner Residenz (oder Botschaft) der schottischen Könige vor der Union mit England angegrenzt.

Wie dem auch sei: Eine dieser beiden Möglichkeiten ist jedenfalls die Erklärung dafür, warum Londons Polizei heute noch schlicht »das Yard« heißt.

Weshalb nimmt James Bond seinen Wodka-Martini nur geschüttelt, nicht gerührt?

Das Rezept selbst ist kein Geheimnis, denn im allerersten James-Bond-Roman *Casino Royal* von 1953 schreibt der literarische Vater des Superagenten, Ian Fleming:

»Einen trockenen Martini«, sagte Bond. »In einem tiefen Champagnerglas. Drei Teile Gordons (englischer Gin; Anm. d. Autors), einen Teil Wodka und einen halben Teil Kina Lillet (französischer Wermut; Anm. d. Autors). Schütteln Sie das Ganze, bis es eiskalt ist, und garnieren Sie es mit einer großen, dünnen Scheibe Zitronenschale. Haben Sie das?«

Normalerweise trinkt man diesen Mix gerührt. Warum also hier geschüttelt?

Man darf wohl davon ausgehen, dass Ian Fleming seinem 007 diese Masche als eine Art persönliche Note auf den Leib geschrieben hat – ein so genannter Autorphraseologismus, der sich auch durch alle James-Bond-Filme zieht und unglaublich lässig klingt: »Einen Wodka-Martini. Geschüttelt, nicht gerührt.«

Oder gibt es eine andere, möglicherweise fundiertere Erklärung?

Im Internetforum www.jamesbondfilme.de etwa lesen wir: »Das Schütteln des Martinis bringt zusätzlich Sauerstoff ins Glas und damit auch in den Körper, wo er bei der Beseitigung der so genannten Radikalen hilft. Diese ungesättigten Moleküle schwächen das Immunsystem und gelten als Ursache vorzeitigen Alterns.«

Wodka-Martini als geheimer Jungbrunnen des smarten Weltenretters, während wir Normalos fade Vitaminpillen als Anti-Aging-Maßnahme einwerfen? Nette Idee, aber Unsinn – unter anderem deswegen, weil die Theorie von der Alterung durch freie Radikale erst 1956 formuliert wurde, und zwar von dem US-Mediziner Denham Harman von der Universität Nebraska.

Durchaus richtig an dieser Erklärung ist indes der Teil mit dem »zusätzlichen Sauerstoff«. Außerdem lässt Schütteln einen Drink stärker abkühlen. Ob und wie intensiv nun beides den Geschmack eines Cocktails beeinflusst oder nicht, darüber streiten sich die Kenner hingebungsvoll.

Ein amerikanischer Connaisseur beharrt im Webforum www.straightdope.com jedenfalls darauf, dass geschüttelte Martinis »erfrischender, schärfer und weniger ölig« schmecken.

Zu einer so bedeutsamen Fragestellung äußert sich natürlich auch die Wissenschaft – beispielsweise der Physikprofessor Metin Tolan von der Uni Dortmund.

Die Antwort, meint Tolan, liegt in der Verteilung der Moleküle in dem Longdrink: »Wenn der also gerührt wird, sind alle Moleküle gleich verteilt. Wenn er geschüttelt ist, dann sind die Moleküle, die für den Geschmack verantwortlich sind, ein kleines bisschen weiter an der Oberfläche.«

Und deswegen lautet Tolans These: »James Bond ist ein Genießer. Der kommt niemals, in keinem Film, dazu, seinen Martini wirklich auszutrinken. Er kann nur immer einen Schluck nehmen. Und dieser Schluck soll wenigstens gut schmecken.«

Wieso werden Pornofilme auch »Blue Movies« genannt?

Der Bezahlfernsehsender *Premiere* nennt seine Erotikkanäle »Blue Movie«. Auch zahlreiche Pornokinos heißen »Blue Movie« und zeigen »Blue Movies« – also »blaue Filme«.

Nun mag man sich auf den Begriff »Rotlichtmilieu« noch einen Reim machen können – sei es wegen der roten Lichter, die häufig in den Fenstern von Bordellen stehen, oder auch weil in Rotlichtvierteln die Leidenschaften glühen.

Aber wieso die Farbe Blau, die eher als »kühl« gilt und unter farbpsychologischen Aspekten betrachtet Ruhe, Vertrauen, Pflicht und Treue ausstrahlt?

So genau weiß das niemand.

Eine mögliche Erklärung geht bis ins 17. Jahrhundert zurück. Damals erließen einige amerikanische Bundesstaaten unter dem Druck puritanischer Einwanderer die so genannten Blauen Gesetze, die sich gegen Sonntagsvergnügen, Rauchen, Trinken, Spielen und auffällige Kleidung richteten. In Connecticut und Massachusetts setzten religiöse Fundamentalisten gar die öffentliche Auspeitschung für Ehebruch sowie Hexenexekutionen durch.

Der Ausdruck »Blaue Gesetze« wurde von dem Kirchenmann und Historiker Samuel Peters in seinem Buch *A General History of Connecticut by a Gentleman of the Province* geprägt. Angeblich meinte Peters eigentlich »Bloody Laws« (»blutige«, also menschenverachtende Gesetze), wählte aber eine vornehme Umschreibung – und schuf damit zugleich den Zusammenhang zwischen der Farbe Blau und allem Verbotenen und Anrüchigen.

Sind die alten Ehepaare in den Zwischenszenen von *Harry und Sally* eigentlich wirklich miteinander verheiratet?

Aus anfänglicher Abneigung kann platonische Freundschaft und schließlich sogar Liebe werden – davon handelt die romantische Komödie *Harry und Sally* (1989).

Wichtig für das Verständnis dieser filmischen Aussage ist auch das Stilmittel der Zwischenszenen: Diese zeigen diverse alte Ehepaare, die – auf einem Sofa sitzend – über ihr Kennenlernen und ihre Liebe sprechen.

Am Ende sind es dann »Harry« und »Sally«, die auf dem Sofa Platz nehmen und von ihrer Hochzeit und der Hochzeitsreise berichten.

Dass es sich dabei um die Hollywoodstars Billy Crystal und Meg Ryan handelt, weiß jeder. Aber wer sind die anderen Paare? Sind sie »echt«, also wirklich miteinander verheiratet? Obwohl die Gespräche sehr authentisch rüberkommen – nein.

Die lebenserfahrenen Eheleute sind ebenfalls Schauspieler, darunter zum Beispiel Al Christy (der den Sheriff in dem berühmten Film *Kaltblütig* aus dem Jahr 1967 gespielt hat) und Donna Hardy, bekannt aus *Running Man* mit Arnold Schwarzenegger und *Die Truman Show*.

Schade? Nicht unbedingt. Denn nichtsdestotrotz bleibt *Harry und Sally* ein »Märchen, wirklichkeitsnaher als die Realität«, wie ein Kritiker schrieb.

Wer waren die Ritter der Tafelrunde?

Waren es nun 11, 16, 150 oder gar 1600 Ritter, die zur legendären Tafelrunde von König Artus gehörten?

Gab es überhaupt einen englischen König Artus beziehungsweise Arthur von Camelot?

Sehr wahrscheinlicht nicht, vermutlich wurden mehrere historische wie sagenhafte Persönlichkeiten zu der Figur des mächtigen Königs verdichtet; aber die Vorstellung von einer »Tafelrunde« ist jedenfalls ein integraler Bestandteil der Artussage.

Der runde Tisch sollte Streitereien um die besten Plätze unter den edlen Geladenen verhindern, und da eine ganze Reihe von Texten, Überlieferungen, Legenden und Manuskripten vom 6. bis zum 15. Jahrhundert in die Mythologie von König Artus und seiner Tafelrunde mit eingeflossen ist, kann es kaum wundernehmen, dass die Zahl der Ritter ebenso schwankt wie deren Namen.

Am häufigsten werden in den Schriften genannt: Sir Lancelot, Sir Gawain, Sir Galahad, Sir Geraint (auch Erec genannt), Sir Gareth, Sir Gaheris, Sir Bors, Sir Bedivere, Sir Parzival, Sir Keie, Sir Lamorak, Sir Tristan, Sir Iwein, Sir Mordred sowie die Brüder Sir Balin und Sir Balan.

So richtig bekannt aus Film und Fernsehen – wie man heute sagen würde – sind davon wohl nur Lancelot und Mordred *(Die Ritter der Tafelrunde* von 1953), der Gralssucher Parzival aus der gleichnamigen Wagner-Oper sowie Sir Galahad durch die jugendliche Abenteuer-Komödie *Mit Vollgas in König Arthurs Tafelrunde* (1993).

Über alle anderen Ritter kann man sich zum Beispiel auf der sehr schönen englischsprachigen Webseite www.timelessmyths.com/arthurian/roundtable.html informieren.

War Marilyn Monroes berühmter Schönheitsfleck echt?

Heute kann frau ein »Malset Marilyn« für 14 Euro kaufen.

Inhalt: ein kleines Fläschchen schwarzer Farbe plus zehn doppelseitige extraschmale Wattestäbchen.

Die Handhabung: Wattestäbchen in das Fläschchen tunken und einen kleinen Punkt an der gewünschten Stelle platzieren. Wozu? »Stilikone Marilyn Monroe hatte einen«, verheißt der Beipackzettel. »Und auch Topmodel Cindy Crawford wäre nicht die Gleiche ohne. Die Rede ist vom berühmten, glamourösen, divenhaften Schönheitsfleck. Er sitzt rechts oder links, auf jeden Fall aber direkt über den Lippen. Und er macht seine Trägerin zur absoluten Diva. Der Schönheitsfleck. Jetzt können wir eine von ihnen werden!«

Stimmt schon: Auch Pop-Art-Künstler Andy Warhol betonte in seiner weltberühmten verfremdeten Marilyn-Monroe-Grafik nur ihr Blondhaar, den grell geschminkten Mund und den Schönheitsfleck auf der Wange.

Echt oder aufgemalt? Tatsache ist, dass auf den ersten Modellaufnahmen des Idols Mitte der 1940er Jahre kein Schönheitsfleck zu sehen ist. Erst als Norma Jean Baker 1946 einen Vertrag bei der Filmproduktionsfirma 20th Century Fox unterschreibt, die Haare blond färbt und sich »Marilyn Monroe« nennt, taucht auch besagtes Muttermal an exponierter Stelle auf.

Das muss indes nicht zwingend bedeuten, dass der Fleck künstlich war. Auf der Webseite www.skinema.com beschäftigt sich der US-amerikanische Hautarzt Vail Reese mit den Schönheitsfehlern der Stars und Sternchen Hollywoods (siehe dazu http://www.skinema.com/Act4BeautyMark.html).

Er geht davon aus, dass Marilyn Monroe einen echten Leberfleck hatte, der in den Jahren vor ihrer Filmkarriere einfach überschminkt war. Denn fortan trat das attraktive Mal immer exakt an derselben Stelle hervor: links oberhalb der Lippe. Und pikanterweise genau dort, wo der Lachmuskel die Haut nach innen zog und eine lange Linie aus niedlichen Grübchen entstehen ließ.

Sollte Dr. Reese richtig liegen – dann wäre Marilyn wirklich von der Natur begnadet gewesen.

Was ist ein US-Marschall?

»Nein, ich bin nicht von der Polizei«, weist der zynisch-unerbittliche Sam Gerard alias Tommy Lee Jones in dem Hollywood-Thriller *Auf der Flucht* (1993) einen örtlichen Beamten zurecht: »Ich bin Marschall der Vereinigten Staaten.«

Aber was ist der Unterschied?

Im Gegensatz zu »normalen« Polizisten tummeln sich Marshals auf der Ebene der US-Justizbehörden. Der »United States Marshal Service« (www.usdoj.gov/marshals/) sieht seine Hauptaufgabe darin, »die Bundesgerichte zu bewachen und den reibungslosen Ablauf der Gerichtsverfahren sicherzustellen«.

Amerikanische Bundesgerichte befassen sich mit Fällen, die die Verfassung, das Bundesrecht oder Bundesverträge betreffen. Außerdem sind sie für das Seerecht zuständig sowie für solche Fälle, in denen ausländische Bürger oder Regierungen oder die amerikanische Bundesregierung als Partei auftreten.

Kurz gesagt: Ein US-Marschall ist zuständig für die Durchsetzung des Bundesrechts in den USA.

Allerdings sind die Aufgaben dieser Bundesbeamten je nach Regierung immer wieder Änderungen unterworfen. So waren US-Marschalls auch mit Gefangenentransporten beauftragt oder mit dem Schutz aussagewilliger Exverbrecher im amerikanischen Zeugenschutzprogramm – wie etwa in dem Schwarzenegger-Film *Eraser* dargestellt.

Auch in älteren Western begegnen uns Marschalls, beispielsweise »Marshal Matt Dillon« (dargestellt von James Arness) in der TV-Serie *Rauchende Colts* oder John Wayne in *Der Marschall.* Auch im »Wilden Westen« hatten Marschalls schon bundesweite Befugnisse und wurden von der Regierung in einen unruhigen Landesteil geschickt, um dort für Gesetz und Ordnung zu sorgen.

Übrigens: Die so genannten Sky Marshals, die nach den Anschlägen vom 11. September 2001 Passagierflugzeuge begleiten, haben mit den Spezialisten vom »United States Marshal Service« nichts zu tun. Sie gehören zu einem eigenen Sicherheitsprogramm der »Federal Aviation Administration«, einer dem Verkehrsministerium unterstellten Behörde, die die Sicherheitsvorschriften und Richtlinien für den Flugverkehr in den USA erlässt.

Wie heißt der Berg, den man im Vorspann von Filmen der Paramount sieht?

Ist es das Matterhorn? Der Artesonraju in Peru? Der Mount Rainier im US-Bundesstaat Washington? Oder der Gletschergipfel Rutor im Skigebiet von La Thuile im Aostatal?

Wenn weitgereiste Alpinisten und Bergsteiger Filme wie *Titanic* oder *Mission Impossible* sehen, beschäftigt sie mehr das Logo der Produktionsfirma Paramount Pictures im Vorspann als die Handlung selbst – jedenfalls bekommt man diesen Eindruck in zahlreichen alpinen Diskussionsforen.

Zu sehen ist auf der Leinwand oder dem Bildschirm vor Beginn eines Paramount-Films ein schöner Berg mit einem Gletscher, der von einem Sternenkranz umgeben ist.

Allerdings handelt es sich dabei nicht um die Eins-zu-eins-Abbildung eines realen Bergs.

Im Jahr 1914 begann der Paramount-Gründer Adolph Zukor mit dem Theaterbesitzer William Wadsworth Hodkinson zusammenzuarbeiten, der den landesweiten Vertrieb der Paramount-Filme organisieren sollte. Zu diesem Zeitpunkt hieß die kleine Firma noch »Famous Players Film Company«. Erst Hodkinson sollte den Namen »Paramount« sowie das entsprechende Logo dazu kreieren.

Zuerst kam er auf den Namen – »Paramount« bedeutet im Amerikanischen so viel wie »überragend« oder »an der Spitze«.

Und der Berg?

William Wadsworth Hodkinson war in Odgen im US-Bundesstaat Utah aufgewachsen, etwa 25 Meilen nördlich von Salt Lake City. Dort dominiert der 3000 Meter hohe Berg Ben Lomond im Wasatch-Gebirge weithin die Gegend. Sehr wahrscheinlich zeichnete Hodkinson das Paramount-Logo frei nach seinen Kindheitserinnerungen an den Ben Lomond und versah diesen mit 22 Sternen.

Zum 90-jährigen Jubiläum von Paramount Pictures 2002 wurde das berühmte Logo am Computer generalüberholt und aufgehübscht.

Brüllt der Löwe im Metro-Goldwyn-Mayer-Logo – oder gähnt er nur?

Apropos Logos: Neben dem malerischen Paramount-Berg dürfte der brüllende Löwe des Mitbewerbers MGM (Metro-Goldwyn-Mayer den höchsten Wiedererkennungswert in der Filmbranche besitzen.

Aber brüllt der Löwe wirklich? Diese Frage wird nicht nur von Filmfreaks aufgeworfen, denn bei manchen MGM-Filmen wirkt die Großkatze im Vorspann eher müde als heroisch, und das Gebrüll klingt, als käme es aus der Konserve.

Dieser Eindruck täuscht in der Tat nicht – und hat sowohl etwas mit der Filmhistorie zu tun als auch mit dem individuellen Charakter von Löwen. Grundsätzlich heißt das MGM-Maskottchen »Leo«. Aber seit der Gründung der amerikanischen Produktionsgesellschaft gab es verschiedene »Darsteller« von Leo.

Der erste kam aus dem Sudan, hörte auf den Namen »Slats« und hielt seine Mähne während der Phase des Übergangs vom Stumm- zum Tonfilm in die Kamera, genauer gesagt von 1924 bis 1928. Slats hatte sogar einen Trainer, und dieser Volney Phifer brachte ihm das Brüllen auf Kommando bei.

Zu Beginn des Tonfilms erfolgten aber Bild- und Tonaufnahmen getrennt. Das heißt: Die Tonspur war noch nicht – wie heutzutage – neben den Bildern auf dem Film aufgebracht, sondern Sprache, Geräusche und Musik wurden im Kino parallel zu den bewegten Bildern von einem Phonographen abgespielt.

Insofern war es tatsächlich fast egal, welche Miene Leo alias Slats in der Realität aufsetzte – Hauptsache auf der Leinwand war ein Löwe zu sehen und im Parkett ein Gebrüll zu hören.

Gegen Ende der 1920er Jahre wurde Slats von »Jackie« abgelöst, und zwar für sämtliche Schwarzweißproduktionen von Metro-Goldwyn-Mayer bis in die 1950er hinein.

Jackies Darstellungsweise des »brüllenden« Löwen beschränkte sich auf eine Art zähnefletschendes Knurren, und in der Farbfilmära sprang dann »Tanner« für ihn ein. Nach übereinstimmender Kritikermeinung grinst Tanner eher hintersinnig in die Kamera, anstatt zu brüllen, sodass an der Vermutung durchaus etwas dran sein könnte, bei dem dazugehörigen Geräusch könnte es sich wohl um eine Synchronisation handeln.

Auch in den folgenden Jahren und Jahrzehnten feilte MGM immer wieder am Logo und an Leo. Darsteller Nummer vier und fünf kamen, mal irgendwie genervt dreinschauend, mal mit deutlich lichterer Mähne als seine Vorgänger.

Anfang der 1980er Jahre schließlich machte sich der Hollywood-Klangdesigner Mark Mangini daran, das Löwen-Geräusch digital neu zu entwerfen. Das Resultat war erstmals bei dem Gruselstreifen *Poltergeist* (1982) zu hören.

Und so brüllt Leo immer weiter, im Vorspann unvergessener Klassiker ebenso wie vor aktuellen Actionstreifen – und verspricht, einen guten Film zu präsentieren.

Was hat der Yogi Bär mit Yoga zu tun?

Nichts. Die freundliche Comicfigur aus den 1960er Jahren, die mit ihrem Bärenkumpel Boo Boo den Yellowstone-Nationalpark auf der Suche nach Picknickkörben oder anderen Fressalien durchstreift und den Park-Ranger John Smith zur Verzweiflung treibt, ist kein Anhänger dieser fernöstlichen Entspannungsmethode.

Noch hat sie etwas mit einem »Yogi« des Buddhismus zu tun oder trinkt bevorzugt das ayurvedische Gewürzgetränk »Yogi Tee«.

Die US-amerikanischen Cartoonisten William Hanna und Joseph Barbera (»Hanna-Barbera«) benannten ihren Kultbären nach dem Baseballspieler Lawrence Peter »Yogi« Berra, der nicht nur für seine Offensivfähigkeiten und zahllosen Rekorde berühmt war, sondern auch für seine humoristischen und provokativen Aussprüche, »Yogiismus« genannt.

Wofür steht das »D« in D-Day?

Diese Frage haben sich gewiss auch die Produzenten des Hollywoodfilms *Der längste Tag* (1962) gestellt.

Dass sie das aufwändige, halbdokumentarische Kriegsdrama mit internationaler Starbesetzung dennoch *The Longest Day* betitelten, spricht deutlich dagegen, das »D« in »D-Day« stehe für »Decision« – wie oft behauptet wird. Denn dann hätten die drei Regisseure des Monumentalstreifens (Ken Annakin, Andrew Marton und Bernhard Wicki) sicherlich den dramatischeren Titel »Tag der Entscheidung« davon abgeleitet.

Nein, das »D« bedeutet weder »Decision« (Entscheidung) noch »Debarkation« (Ausschiffung, Landung), »Deliverance« (Befreiung«) oder gar »Doomsday« (Tag des Jüngsten Gerichts).

Der Tag der Landung der Alliierten in der Normandie, der am 6. Juni 1944 die Endphase des Zweiten Weltkriegs einleitete, wurde in ganz nüchterner militärischer Tradition »D-Day« genannt. »D-Day« ist schlicht die Bezeichnung für einen bestimmten Tag – so wie »H-Hour« im Armeejargon die Bezeichnung für eine bestimmte Stunde ist.

Dabei dienen die Buchstaben »D« beziehungsweise »H« zum einen als Variable/Platzhalter für den jeweiligen Tag oder eben die jeweilige Stunde, vergleichbar mit der deutschen Redewendung »Tag X«. So gibt es beim Militär beispielsweise auch die Zeitangabe »D + 3«, was bedeutet, dass ein bestimmtes strategisches Ziel drei Tage nach Beginn der Operation erreicht sein soll.

Zum anderen verstärkt die Doppelung (im Grunde heißt D-Day »Tag-Tag«) in diesem militärischen Code rein sprachlich die hohe Bedeutung des anvisierten Tages.

Dies jedoch mit »Tag der Tage« zu übersetzen, gäbe dem Begriff »D-Day« eine pathetische Weihe, die die Planer in den Stabsstellen der amerikanischen Streitkräfte mit einiger Sicherheit nicht im Sinn hatten. Für sie war und ist »D-Day« einfach der Begriff, mit dem ein Tag bezeichnet wird, an dem eine größere militärische Operation beginnen soll.

Wie heißt Barbie mit Nachnamen?

Die weltberühmte Puppe hat nicht nur einen Familiennamen – sondern auch eine komplette Biografie: Ihr Geburtstag ist der 9. März 1959, sie besuchte zunächst die High School in Willows im US-Bundesstaat Wisconsin und später die Manhattan International High School in New York City.

Sie jobbte als Model, Stewardess und Modedesignerin, hat einen Führerschein und eine Pilotenlizenz, einige jüngere Geschwister sowie zahlreiche Haustiere, darunter Hunde, Katzen, Pferde, einen Pandabären und ein Zebra.

Und so weiter und so fort.

Diese und viele weitere biografische Details wurden »Barbie« vom Hersteller Mattel angedichtet, der die Puppe 1959 bei der New Yorker Spielwarenmesse »Toy Fair« erstmals vorstellte.

Ihr vollständiger Name lautet Barbie Millicent Roberts.

Davon ist zumindest der Vorname nicht völlig fiktiv. Denn »Barbie«/Barbara hieß die Tochter der Mattel-Gründer Ruth und Elliot Handler.

Wieso wurde John Wayne »The Duke« genannt?

»Er war hässlich, er war stark, und er hatte Würde«, steht auf seinem Grabstein auf dem Friedhof »Pacific View Memorial Park« in Corona del Mar, Orange County, im US-Bundesstaat Kalifornien geschrieben.

Eines war das unsterbliche Westernidol John Wayne indes nicht: adelig. Und auch sein Auftreten hatte eigentlich nichts Herzogliches.

John Wayne stakste nach eigenem Bekunden durch seine Filme als ein Mann, »der sich schmutzig macht, der schwitzt, aber auch gerne Mädchen küsst. Der sauber kämpft, so lange es möglich ist, aber schmutzig, wenn es nicht anders geht.«

Wieso wurde der Schauspieler ehrfurchtsvoll »The Duke« genannt, also »Herzog«?

Dafür gibt es eine ganz banale Erklärung.

Im Alter von sechs Jahren zog Wayne, der eigentlich Marion Michael Morrison hieß, mit seiner Familie von Winterset, Iowa, nach Glenale in Kalifornien. Dort trug der kleine Marion Michael Zeitungen aus, um sein Taschengeld aufzubessern – immer begleitet von seinem treuen Terrier. Und dieser Hund hörte auf den Namen »Duke«.

Von den Zeitungsempfängern wurden die beiden »Big Duke« und »Little Duke« genannt. Diesen Spitznamen nahm Marion Michael mit, als 1926 bei den Twentieth-Century-Fox-Studios seine Hollywoodkarriere begann, zunächst als Requisiteur, dann als Komparse und schließlich als Prototyp des amerikanischen Westernhelden.

Was hat der Frauenname Mercedes mit der Automarke zu tun?

Und wieso steht diese Frage in der Rubrik »Unterhaltsames«?

Weil ein ganz ähnliches Rätsel in der britischen Komödie *Ein Fisch namens Wanda* einen netten Gag abgibt: Gangsterliebchen Wanda (Jamie Lee Curtis) und der für sie entflammte Anwalt Archie (John Cleese) amüsieren sich in einer Szene darüber, dass der dämliche Otto (Kevin Kline) gefragt haben soll: »Warum nennen die ihre Tochter nach einem Auto?«

Die Rede war von Archies Tochter »Porsche« (gespielt übrigens von Cynthia Cleese, auch im richtigen Leben die Tochter von John Cleese). Doch die heißt gar nicht »Porsche«, sondern Portia – ein Name, der in der englischen Aussprache fast genauso klingt wie die deutsche Automarke.

»Mercedes« dagegen ist tatsächlich ein Frauenname aus dem spanischen Sprachraum, der so viel wie »Gnade« bedeutet.

Aber was hat eine Mercedes mit der Stuttgarter Automarke zu tun? War sie vielleicht die Tochter oder die Frau von Herrn Benz oder Herrn Daimler?

Weder noch, informiert das Mercedes-Benz-Museum vor dem Haupttor des DaimlerChrysler-Werks in Untertürkheim: Mercedes war die 1889 geborene Tochter des österreichischen Geschäftsmanns Emil Jellinek, eines begeisterten Anhängers des Automobils.

Schon 1897 kaufte er einen ersten Daimler-Wagen, einen 6-PS-Riemenwagen mit Zweizylindermotor. Ab 1898 begann er mit dem Vertrieb von Daimler-Automobilen. Diese meldete er auch zu Rennveranstaltungen an, darunter der »Woche von Nizza«. Den Namen seiner Tochter Mercedes nutzte er dort zunächst als Pseudonym, als Team- oder Fahrernamen.

Erst im Jahr 1900 wurde aus »Mercedes« auch eine Produktbezeichnung. Zu diesem Zeitpunkt trafen die Daimler-Motoren-Gesellschaft (DMG) und Jellinek eine Vereinbarung über den Vertrieb von Wagen und Motoren. Dabei wurde auch beschlossen, einen neuen Motor zu entwickeln. Er sollte den Namen »Daimler-Mercedes« tragen. Am 22. Dezember 1900 lieferte die DMG den ersten »Mercedes« an Jellinek aus. Es war ein von Wilhelm Maybach entwickelter Rennwagen mit einem 35 PS starken Motor. Die Wagen dieses Typs nahmen sehr erfolgreich an der »Woche von Nizza« im März 1901 teil.

Schließlich wurde der Name »Mercedes« am 23. Juni 1902 als Warenzeichen angemeldet und am 26. September gesetzlich geschützt. Emil Jellinek gründete 1903 zusammen mit der DMG und mehreren Großbanken die »Société Mercédès« in Paris. Im selben Jahr erhielt er von der Wiener Statthalterei per Dekret die Genehmigung, sich Emil Jellinek-Mercedes nennen zu dürfen. »Wohl zum ersten Mal trägt der Vater den Namen seiner Tochter«, wurde er dazu später zitiert.

Und Tochter Mercedes?

»Mercedes Jellinek heiratete am 20. Februar 1909 in Nizza den Wiener Baron Karl von Schlosser, der als k. k. Bezirkskommissär im Ministerium für öffentliche Arbeiten wirkte«, entnehmen wir dem Taschenbuch *Superfrauen 4: Wirtschaft und Verkehr* von Ernst Propst (Propst-Verlag, Mainz-Kostheim 2000). »In den Zeitungen fand die vom Vater ausgerichtete glanzvolle Hochzeit große Beachtung. Fortan nannte sich die attraktive junge Frau Mercedes Freifrau von Schlosser. Aus der Ehe gingen 1912 die Tochter Elfriede und 1916 der Sohn Hans-Peter hervor.

1923 trennte sich Mercedes Freifrau von Schlosser nach 14-jähriger Ehe von ihrer Familie und ehelichte den Wiener Bildhauer Baron von Weigl. Diese Ehe währte nicht lange, weil der schwindsüchtige Gatte bald starb. Am 23. Februar 1929 starb Mercedes Freifrau von Weigl im Alter von 39 Jahren an einer Grippe.

Danach setzte man sie auf dem Wiener Zentralfriedhof unter dem falschen Namen Mercedes Schlosser bei. Im Register der Friedhofsverwaltung dagegen ist sie als Mercedes Weigl eingetragen. Auf dem Grabstein der Familiengruft, die ihr Vater 1904 für 2400 Kronen erworben hatte, steht das falsche Geburtsdatum 1899.«

Stimmt es, dass Captain Bligh von der »Bounty« ein übellauniger Tyrann war?

Klaro – aber nur solange uns der knorrige Schauspielveteran Trevor Howard als Captain Bligh und der jung-charmante Marlon Brando als dessen Gegenspieler Fletcher Christian vor Augen stehen, und zwar in der ersten und bis heute berühmtesten Farbverfilmung des historischen Stoffes *Meuterei auf der Bounty* aus dem Jahr 1962.

»Um die Brotfrucht aus Tahiti zu importieren, wird die

Bounty unter das Kommando des berüchtigten Kapitäns Bligh gestellt, der, bald nachdem die Bounty den Hafen verlassen hat, eine grausame Terrorherrschaft auf seinem Schiff einführt. Geringe Vergehen seiner Mannschaft werden mit der neunschwänzigen Katze (Riemenpeitsche mit neun geflochtenen Tauenden; Anm. d. Autors) und anderen Bestrafungen geahndet. Lediglich Blighs Erster Offizier, der charismatische Fletcher Christian, wagt es, sich Bligh zu widersetzen«, lesen wir in der Inhaltswiedergabe eines Filmlexikons.

In Wirklichkeit war William Bligh im Dezember 1787, als die Bounty in See stach, erst Leutnant zur See und noch weit entfernt vom Rang eines Captains. Eine kleine Unrichtigkeit, gewiss. Aber so fängt es eben an. Das Hollywoodklischee nämlich, das einen fortschrittlichen und geachteten Seefahrer zum Unhold verzerrt.

Der Meuterer Fletcher Christian mag Regisseure und Drehbuchautoren auf seiner Seite haben – für William Bligh aber rufen wir an dieser Stelle seine Urururururenkelin in den Zeugenstand, die deutsche Journalistin Jennifer Bligh (geboren 1980 in Hamburg).

»William Bligh führte auf der Bounty einige Änderungen ein, die die Seeleute nicht einsehen mochten«, hat sie recherchiert: »Badepflicht, saubere Kleidung, saubere Kajüten. Damit vermied er eine Rattenplage und Krankheiten. Was als Quälerei empfunden und ihm später als solche vorgeworfen wurde, entsprang weiser Voraussicht. Dafür aber fehlte der Mannschaft, die vorwiegend aus den Slums der englischen Hafenstädte zusammengewürfelt worden war, jedes Verständnis. Alle zwei Tage baden – das musste doch Schikane sein!«

Auch das angebliche Peitschenregiment an Bord vermag Jennifer Bligh durch die Logbuchaufzeichnungen der Bounty zu widerlegen: »Bis zu 1000 Peitschenhiebe pro Tag waren zur damaligen Zeit keine Seltenheit. Während der 17-monatigen Reise der Bounty von Portsmouth nach Tahiti ließ William Bligh bei insgesamt elf Bestrafungen 229 Hiebe mit der so genannten cat-o'nine tails austeilen.«

Allein diese Tatsache müsse doch eigentlich den Mythos des »unbeherrscht Grausamen« widerlegen, hofft seine Nachfahrin.

Gut und schön. Wie aber kam es dann überhaupt zur berühmten Meuterei auf der Bounty?

Leutnant Bligh hatte den Auftrag, Stecklinge des Brotfruchtbaums nach England zu transportieren. Da der junge und ehrgeizige Offizier erst herausfinden wollte, wie er die empfindlichen Pflänzchen während der langen Rückfahrt zu hegen hatte, ankerte das Schiff ungewöhnlich lange vor Tahiti – ganze fünf Monate.

In dieser Zeit wurden für die Mannschaft alle Südseeträume wahr, willige Insulanerinnen inbegriffen. Aber am 4. April 1789 war das süße Leben vorbei. Die disziplinierte Alltagsroutine an Bord der Bounty nach Monaten der Freiheit und Zügellosigkeit schlug den Matrosen arg aufs Gemüt.

Und: Die Mädchen hatten ihren Liebhabern zum Abschied reichlich Früchte, Kokosnüsse und Naturalien geschenkt. William Bligh nahm die Gaben in Beschlag und legte damit in der Kombüse einen Vitaminvorrat an, um dem gefürchteten Skorbut (einer ernährungsbedingten Vitamin-C-Mangel-Krankheit) keine Chance zu geben. Seine Männer indes standen aufgebracht vor den leeren Geschenkkörben.

26 Tage später entlud sich die allgemeine Unzufriedenheit der Besatzung in einer Meuterei.

Leutnant Bligh und 18 loyale Männer wurden in einem

Beiboot ausgesetzt, mit nur 150 Pfund Brot, etwas Trinkwasser und einigen Säbeln. Was dann folgte, machte William Bligh in Seefahrerkreisen zur Legende: Binnen 42 Tagen navigierte der junge Offizier diese Nussschale genau 3618 Seemeilen weit bis nach Timor.

Alle 18 Getreuen überlebten die Fahrt und kehrten nach London zurück, wo Bligh von einem Kriegsgericht freigesprochen und später erst zum Captain, dann zum Gouverneur von New South Wales (Australien) und schließlich zum Admiral ernannt wurde.

Den Meuterern erging es deutlich schlechter: Sie segelten mit der Bounty nach Tahiti zurück. Dort zerstritten sie sich heillos, und ein Teil der Gruppe – darunter Fletcher Christian – machte sich mit ihren Mädchen auf zur Insel Pitcairn, mitten im Pazifik, fernab jeder Handelsroute, die noch kein Europäer je zuvor betreten hatte. Nicht ganz fünfzig Personen, zum größten Teil direkte Nachkommen der Meuterer, leben dort heute.

Die auf Tahiti verbliebenen Meuterer wurden von der englischen Admiralität aufgespürt und in Ketten nach England verbracht.

Und Captain Bligh?

Er starb am 6. Dezember 1817 in Kent als einer der fähigsten Seefahrer und Navigatoren seiner Zeit und hochdekorierte Persönlichkeit.

»Doch wie das Leben manchmal so spielt«, resümiert Familienmitglied Jennifer, »wurden die Tatsachen verdreht, sodass heute die Meuterer gefeiert werden und William Bligh als Scheusal dasteht. Aber Admiral Bligh war kein Tyrann. Und so kann ich mit Stolz sagen, dass ich die Urenkelin von William Bligh in sechster Generation bin.«

Wie lassen Orchestermusiker bei Playback-Auftritten ihre Geigen verstummen?

»Das Playback ist das Originalmusikinstrument der lustigen Musikanten«, behauptet die bayerische Volksmusikband »Well-Buam« mutmaßlich nicht völlig zu Unrecht.

Das dürfte allerdings nicht nur für die Sparte »volkstümliche Schlagermusik« gelten.

Der Kölner Jazzgitarrist Alex Gunia etwa outete sich 2004 in der *Berliner Zeitung* als »Playback-Gitarrist« für Showgrößen wie Christopher Cross und beliebte TV-Sendungen wie *Top Of The Pops, Hitparade* oder *Wetten, dass ...?*.

»Ich finde es grundsätzlich schrecklich, dass im Fernsehen Musik per Playback gemacht wird, wenn da ein Band läuft und ein paar Musiker nur dazu rumhampeln, anstatt wirklich live zu spielen«, erklärte Gunia. »Ich habe trotzdem einige Jahre lang bei Fernsehshows den Musiker gemimt, um damit Geld zu verdienen. Wenn ein Solokünstler in Deutschland im Fernsehen auftritt, hat er ja nicht unbedingt seine eigene Band dabei. Aber irgendwer muss ja im Hintergrund die Instrumente bedienen. Oder zumindest so tun, als ob.«

So tun, als ob – das ist kein Problem bei Instrumenten wie E-Gitarre oder Keyboard, die gar nicht erst angeschlossen werden, derweil über die Verstärkeranlage das Playback läuft. Sogar auf einem Schlagzeug kann man lautlos trommeln – wer bei Nahaufnahmen genau hinschaut, sieht meistens dämpfende schwarze Matten auf den Drums liegen. Auch ein Klavier bleibt stumm, wenn mittels technischer Vorkehrungen die Hämmerchen vor dem Anschlag auf die Saiten gestoppt werden.

Aber wie kann ein Streichorchester einen Playback-Auftritt hinlegen? Wenn die Musiker über die Saiten streichen, kommt doch automatisch ein Ton heraus, oder?

Normalerweise schon. Es sei denn, der Bogen wird mit Fett eingeschmiert. Dann gleitet der Bogen über die Saiten – dennoch ist nichts zu hören, da die Reibung aufgehoben ist.

Sind Shaolin-Mönche unverwundbar?

Filme wie *Die 36 Kammern der Shaolin, Das Todeslied des Shaolin* oder *Die 18 Kämpfer aus Bronze* haben den Mythos des abgelegenen Shaolin-Klosters in den Songshan-Bergen im Herzen der zentralchinesischen Provinz Henan begründet. Das harte Regiment, das die Shaolin-Schüler hier erleiden, ist weltberühmt geworden.

Und es zahlt sich aus: Shaolin-Mönche sind praktisch unverwundbar, können an glatten Wänden oder Baumstämmen entlanglaufen und hoch über die Köpfe ihrer Gegner hinwegfliegen.

In jüngster Zeit sind es weniger Filme als vielmehr aufwändige Kung-Fu-Shows »über das Leben der Shaolin-Mönche und ihre mystischen Geheimnisse«, die diesen Eindruck untermauern: Tödlich spitze Speere, die fest gegen die Kehle der (angeblichen) Mönche gedrückt werden, verbiegen sich wie Gummi. Auch dicke Holzknüppel oder Metallplatten zerbersten einfach auf ihren Köpfen, ohne Schaden anzurichten.

Der Werbetext einer dieser Showgruppen behauptet unumwunden: »Die Zenbuddhisten aus Shaolin sind imstande, durch bloße Konzentration die Gesetze der Physik außer Kraft zu setzen.« Ist dies das Geheimnis der scheinbar unmöglichen Fähigkeiten der Shaolin-Mönche?

Denn dass auf der Leinwand getrickst wird, ist eigentlich klar – aber in einer Live-Darbietung auf der Bühne sollte man doch seinen Augen trauen können, oder?

Nicht wirklich.

Zum einen sind die entsprechenden und nahezu übernatürlich anmutenden Techniken gar kein eigentlicher Bestandteil des Shaolin-Kung-Fu, also der traditionellen Kampfkunst der buddhistischen Mönche von Henan.

Die Vorstellung von unbesiegbaren, fliegenden Superkämpfern mit magischen Fähigkeiten geht zurück auf die so genannten Amulettsekten im 3. Jahrhundert n. Chr. In den Amulettsekten schlossen sich entwurzelte und heimatlose Vagabunden zusammen, die nur ein recht einfaches Kung-Fu beherrschten, das sie aber mit okkulten Praktiken, Illusionistentricks und Gaukeleien wirkungsvoll aufzupeppen verstanden.

Die Mitglieder dieser Geheimbünde verdingten sich auf Jahrmärkten ebenso wie als Söldner, Spione oder einfache Kriminelle und kultivierten bei diesen Aktivitäten eine ganze Reihe von Verschwindetricks und Ablenkungsmanövern.

Es waren in erster Linie die Kung-Fu-Filme der 1970er Jahre aus Hongkong, die die Legenden um die Amulettsekten mit den Mönchen des Shaolin-Klosters in der Provinz Henan vermischten.

Zum anderen treten bei den regelmäßig durch Europa tourenden Shaolin-Shows nicht die Mönche selbst auf – sondern Absolventen der zahlreichen Kampfkunstschulen und -internate, die sich in den vergangenen Jahren in der Kreisstadt Deng Feng in der Nähe des Shaolin-Klosters angesiedelt haben.

Dementsprechend handelt es sich bei ihren Auftritten auch nicht um eine dokumentarische Demonstration der Kampfkunst der Shaolin-Mönche. Es geht um eine unterhaltsame Mischung aus Kung-Fu, Körperbeherrschung, Akrobatik und Bühnentricks.

Zwei der spektakulärsten Nummern einer typischen Shaolin-Show wollen wir uns an dieser Stelle erklären lassen, und zwar von dem Kampfsportexperten Dr. Holm Gero Hümmler, der im Hauptberuf Betriebswirt und Unternehmensberater ist und nebenbei in der »Gesellschaft zur wissenschaftlichen Untersuchung von Parawissenschaften« (GWUP) seltsamen Dingen auf den Grund geht:

»Die wohl bekannteste Unverwundbarkeitsdarbietung fernöstlicher Kampfkunst-Shows zeigt das perfekte Zusammenspiel präparierter Waffen mit geschickter Schlagtechnik. Dass die auf dem Kopf eines Darstellers zertrümmerten Stöcke oder Eisenstücke Sollbruchstellen besitzen, ist leicht vorstellbar.

Und tatsächlich: Ein solches Metallstück wurde nach einer Kung-Fu-Show von zwei Materialforschern des Stahlkonzerns Voest-Alpine physikalisch und chemisch untersucht. Bei dem Material handelte es sich um so genanntes weißes Gusseisen, das durch eine schnelle Abkühlung nach dem Gießen extrem spröde war. Die chemische Zusammensetzung, die nach Einschätzung der Untersucher durch Zusätze künstlich erzeugt worden sein muss, verstärkt diese Brüchigkeit. Durch Aufschlagen auf eine Tischplatte konnten mit bloßem Auge nicht sichtbare Risse erzeugt werden, an denen sich das Eisen mit zwei Fingern zerbrechen ließ.

Wichtige Elemente der Schlagtechnik sind auch in einer Videosequenz aus einer Shaolin-Show zu erkennen, die auf einer deutschen Shaolin-Seite zum Download bereitsteht (www.shaolin-wushu.de): Der Schlagende zielt zunächst mit der Spitze eines dicken, zirka 1,5 Meter langen Stocks auf den Kopf des vermeintlich unverwundbaren Partners, holt kurz aus und senkt den Stock noch einmal, wobei sich die Spitze noch immer über dem Kopf befindet.

Während des zweiten, weiteren Ausholens macht der

Schlagende aber einen unauffälligen, allerdings großen Schritt vorwärts, und im Schlag senkt sich etwa das untere Drittel des Stocks über dem Kopf des Partners. Die Geschwindigkeit in der Annäherung zum Kopf ist also weitaus geringer, als man angesichts der Ausholbewegung vermuten würde. Der Stock bricht in der Nähe des Kopfes, das längere Ende fällt zu Boden, und nur ein knapp 50 Zentimeter langer Rest verbleibt in der Hand des Schlagenden.

Für den Beobachter entsteht der Eindruck, dass der Stock durch den Aufschlag auf den Kopf zerbricht. Tatsächlich entsteht in Verbindung mit einer Sollbruchstelle der gleiche Effekt, wenn der Schlagende den Stock im letzten Moment zurückreißt. Das lange Stockende hinter der Sollbruchstelle bricht dann durch ihr eigenes Gewicht ab. Durch spätes Zurückziehen oder herabfallende Teile kann diese Vorführung für den Unverwundbaren natürlich dennoch schmerzhaft sein, obgleich seine wichtigsten Fähigkeiten hierbei eher schauspielerischer Natur sind.

Ein weiteres Highlight ist das Verbiegen eines spitzen Speeres am Hals eines Darstellers. Der Speer wird mit dem stumpfen Ende gegen einen Absatz im Boden, die Wand oder den Fuß eines Assistenten fixiert. Der Darsteller richtet die Spitze mit der Hand gegen seinen Hals und lehnt sich dann nach vorne, sodass der Speer sich nach unten durchbiegt.

Sobald der Speer um etwa 90 Grad gebogen ist, lässt der Darsteller die Spitze los und hält die Biegung durch Druck mit seinem Hals aufrecht. In der Folge wird der nach vorne gebeugte Darsteller noch zusätzlich belastet, indem zum Beispiel ein Assistent sich auf seinen Rücken stellt oder mit einem Hammer Steinplatten auf diesem zerschlägt. (Diese Übung basiert auf einem ähnlichen Effekt wie das zuvor dargestellte Zerschlagen eines Stocks auf dem Kopf.) Hierdurch entsteht der Eindruck, die Speerspitze würde mit noch größerer Kraft in den Kehlkopf des Darstellers gedrückt.

In Wirklichkeit wird der Speer gar nicht am Kehlkopf angesetzt, sondern wenige Zentimeter tiefer, an der leicht vorstehenden Oberkante des Brustbeins, das deutlich stabiler ist und außerdem ein Abrutschen nach oben verhindert.

Solange der Speer nur wenig gebogen und seine Kraft somit entlang der Speerspitze gerichtet ist, wird er ausschließlich mit der Hand gebogen und nur leicht am Brustbein angesetzt. Erst wenn der Speer stark gebogen und die resultierende Kraft senkrecht zur Spitze gerichtet ist, kann der Darsteller gefahrlos loslassen.

Dann wird die flache Seite der Speerspitze gegen sein Brustbein gedrückt. Die Belastung des Rückens ist ein reiner Showeffekt, der nichts an diesen Kräfteverhältnissen ändert, sondern über die Beine des Darstellers abgefedert wird.

Auch diese Vorführung setzt somit keinerlei übernatürliche Fähigkeiten voraus, erfordert aber viel Übung, da ein unvorhergesehenes Abrutschen der Speerspitze vom Brustbein nach oben durchaus zu schweren und möglicherweise tödlichen Verletzungen führen kann.«

Dass also von den übernatürlichen Fähigkeiten der Kung-Fu-Meister nicht viel übrig bleibt, soll die Leistungen der Akteure keineswegs schmälern. Auch Tricks brauchen für eine perfekte Darbietung langjährige Übung, Hingabe und große Kraft und Geschicklichkeit – und dies nicht nur auf Seiten der angeblich Unverwundbaren, sondern auch bei den Helfern, die die Schläge und Stiche ausführen.

Kundige Besucher der Kung-Fu-Schulen rund um Deng Feng und das Shaolin-Kloster konstatieren jedenfalls respektvoll, dass dort »schon Fünfjährige Techniken beherrschen, die in Deutschland nur wenige Erwachsene ausführen können«.

Was ist ein »Mumienkeiler«?

Im Grunde »versteht ja kaum ein Mensch einen Liedtext richtig«, schreibt Axel Hacke in der von Michael Sowa illustrierten humorigen Sammlung *Der weiße Neger Wumbaba – Kleines Handbuch des Verhörens,* »ja, Liedtexte sind überhaupt nur dazu da, falsch verstanden zu werden. Aufgabe eines Liedtexters ist es, den Menschen Material zu liefern, damit ihre Phantasie wirken kann.«

Als Beispiele führen Hacke/Sowa unter anderem den titelgebenden »weißen Neger Wumbaba« (richtig: »der weiße Nebel wunderbar«) an.

Andere Verhörer in dem Büchlein handeln von »Alfred hat nun ein End« (richtig: »All Fehd' hat nun ein End«) oder »Dein ist mein ganzes Herz, du bist mein Rheumaschmerz« (richtig: »du bist mein Reim auf Schmerz«) oder »Ein Boot sinkt, ein Boot sinkt, in Gemütlichkeit« (richtig: »ein Prosit der Gemütlichkeit«).

An ein Missverständnis glaubte auch der Autor dieses Buches jahrelang, wenn im Radio mal wieder der Gassenhauer »Fata Morgana« (1985) von der Ersten Allgemeinen Verunsicherung lief, der so beginnt:

»Tief in der Sahara,
auf einem Dromedara,
ritt ein deutscher Forscher durch den Dattelhain.
Da sah der Mumienkeiler
ein Mädchen namens Laila,
magische Erregung fährt ihm ins Gebein.
Er rief: Sag mir, wer bist du, die mich trunken macht?
Komm und heile meine Wunden!
Sie sprach: Ich bin Laila, die Königin der Nacht!
Simsalabim war sie verschwunden.«

Was bitte ist ein »Mumienkeiler«?

Jedenfalls kein Falschhörer – der Text lautet tatsächlich so, erklärt die Erste Allgemeine Verunsicherung, und nicht etwa »Mohikaner« oder was auch immer.

Des Rätsels Lösung: »Mumienkeiler« sei ein von EAV-Mitbegründer und Gitarrist Thomas Spitzer geschaffenes neologistisches Synonym für Archäologe, also eine neue Wortschöpfung.

Sicher, origineller als »Wüstenbuddler« oder Ähnliches ist das schon. Allerdings hätte sich, mit Verlaub gesagt, auf das »Mädchen namens Laila« auch Naheliegenderes wie etwa »der Düneneiler« oder so gereimt.

Medizinisches

Wieso sehen Betrunkene weiße Mäuse?

»Ich trinke Leberkleister, weil ich den weißen Mäusen so gerne beim Spielen zusehe«, überschrieb vor einigen Jahren das Satiremagazin *Mad* eine Parodie auf die Anzeigenkampagne eines bekannten Spirituosenherstellers.

Aber gibt es sie tatsächlich, die kleinen Nager, die im Vollrausch durchs Blickfeld huschen, obwohl sie gar nicht da sind?

»Ja und nein«, hat die *Unispiegel*-Crew bei www.spiegelonline.de zusammengetragen: »Wer hin und wieder einen hebt, muss sich danach nicht gleich aus Angst vor Nagetieren auf den Stuhl stellen. Die Mäuse aber kommen tatsächlich vor – bei schweren Alkoholikern. Und auch nicht im Vollrausch, sondern mit dem Katerfrühstück am nächsten Tag.«

Eine alkoholkranke Person ist nämlich auf den regelmäßigen Konsum von Hochprozentigem angewiesen. Andernfalls treten Entzugssymptome auf. Das können unter anderem Halluzinationen sein, die wahllos Bilder auf die Netzhaut werfen. Das nenne sich dann Entzugsdelirium.

Etwa jeder dritte Alkoholiker sieht dann Tiere, schätzen Neurologen – meistens Insekten, Spinnen oder Schlangen. Auch rosa Elefanten oder blaue Hunde laufen mitunter durchs Bild. In fünf von hundert Fällen phantasieren die Abhängigen tatsächlich weiße Mäuse herbei.

Aber nicht nur das Sehverhalten ist geschmälert: Ein Alkoholiker könne auch Dinge riechen, schmecken oder fühlen, die in Wirklichkeit nicht existieren. Der Grund: Alkohol hemmt die im Hirn produzierten Transmitterstoffe.

Das sind chemische Botenstoffe wie zum Beispiel Dopamin und Noradrenalin, mit denen sich Zellen, Gewebe und Organe des Körpers untereinander verständigen. Wenn diese Botenstoffe – etwa durch Alkohol – behindert werden, schüttet der Organismus immer mehr davon aus.

Bleibt nun der Alkohol aus und der Pegel sinkt wieder, sind zu viele Botenstoffe im Körper. Es kommt zur Überreizung. Und die sorgt neben Unruhe, Herzrasen und Übelkeit auch für starke Halluzinationen.

»Spaßig ist das allerdings nicht«, schlussfolgert der *Unispiegel:* Etwa 15 Prozent der Entzugsdelirien enden tödlich, die Überlebenden erholen sich nach etwa fünf bis sieben Tagen. »Wer sich also dabei ertappt, im Vollrausch 200 Mäusefallen bestellt zu haben, sollte seinen Alkoholkonsum gründlich überdenken.«

Warum sollen Kranke Hühnersuppe essen?

»Dittsche« schwört darauf.

In Badelatschen, Bademantel und mit Bierflasche in der Hand erzählt der 40-jährige Arbeitslose an der Imbissbude seiner Wahl, warum er nicht krank wird: »Hühnersuppe. Hühnersuppe ist gesund und hilft bei Grippe.«

Nun wirft »Dittsche« alias Star-Comedian Olli Dittrich in der gleichnamigen *ARD*-Sendung normalerweise mit Hypothesen wie »Olli Kahn hat Vogelgrippe« um sich und ist stolz auf seine »gefährlichen 5 Prozent Wissen«.

Allerdings bekommen viele Kranke tatsächlich heiße Hühnersuppe eingeflößt, bis sie gackern.

Israelische Ärzte sollen gar empfohlen haben, Hühnersuppe in die Liste der lebensnotwendigen Medikamente aufzunehmen. Die Kraftbrühe mit Huhn und Gemüse helfe gegen »Lepra, Asthma oder auch Hämorrhoiden«, vermeldeten einige Zeitungen anno 2000. Das klingt nun indes wirklich mehr nach »Dittsche« als nach einer seriösen Information. Angeblich beruhen diese Angaben auf »Schriften jüdischer Gelehrter, des Talmud sowie auf medizinischer Fachliteratur«.

In der Tat gehört für viele gläubige Juden Hühnersuppe zu einem Schabbatessen (Schabbat = der siebte Tag der Woche, ein heiliger Tag, an dem zum Beispiel absolutes Arbeitsverbot herrscht).

So lesen wir auf der Homepage der Jüdischen Gemeinde Pforzheim:

»Danach (nach Fisch als Vorspeise; Anm. d. Autors) kommt eine warme Hühnersuppe, gewürzt mit der Schärfe der Zwiebel und der Süße der Karotte, gehoben durch Geflügel und heruntergeholt durch die Kartoffel.

Einfach, durchsichtig und klar und trotzdem sättigend. Wenn jemand krank ist, wird er oft vom Arzt den Rat bekommen, klare warme Hühnerbrühe zu trinken, denn sie ist leicht bekömmlich und wärmt von innen.«

Das ist gewiss nicht falsch.

Auch die Deutsche Angestellten-Krankenkasse (DAK) empfiehlt Hühnersuppe als »Hausrezept bei Erkältungskrankheiten«, das den Körper wieder zu Kräften bringe.

Das Rezept: Zwei Kartoffeln, einige Mohrrüben und etwas Petersilie zerschneiden, eine Zwiebel schälen. Das Gemüse zusammen mit einem Suppenhuhn kalt aufsetzen und etwa neunzig Minuten lang kochen. Mit Salz, Pfeffer und eventuell Paprikapulver würzen.

Zur Not tue es aber auch Instantbouillon.

Redlicherweise enthalten sich die Gesundheitsexperten aller übertriebenen Anpreisungen und stellen lediglich fest: »Hühnersuppe versorgt den Körper mit Flüssigkeit, wärmt und enthält Vitamine.«

Denn es ist recht schwierig, den heilbringenden Effekt von der psychologischen Wirkung zu trennen, die entsteht, wenn der bettlägerige Kranke liebevoll mit einer dampfenden Suppe versorgt wird.

Versuche dazu gab es – mit mehr oder weniger ermutigenden Ergebnissen.

Der amerikanische Lungenfacharzt Dr. Stephen Rennard vom Nebraska Medical Center in Omaha etwa stellte das Hühnersuppenrezept seiner Großmutter auf den Prüfstand der Wissenschaft: Hühnchen und Gemüse, darunter Zwiebeln, Kartoffeln, Karotten, Sellerie und Petersilie.

Und siehe da: Der Mediziner konnte einen Einfluss der warmen Flüssignahrung auf die Neutrophilen nachweisen, die zu den weißen Blutkörperchen zählen und wichtige Funktionen im unspezifischen Abwehrsystem des Körpers übernehmen. Bei grippalen Infekten sind die Neutrophilen einerseits für die Abwehr der Viren nötig, sorgen bei übermäßiger Vermehrung aber auch für Erkältungssymptome wie Entzündungen und Schwellungen der Schleimhäute in den oberen Atemwegen.

Die Hühnersuppe von Dr. Rennards Großmutter hemmte offenbar die Neutrophilen in ihrer Bewegungsfähigkeit – und damit zugleich Entzündungsprozesse.

Allerdings konnte der Wissenschaftler nicht klären, welche Zutaten der Hühnersuppe für diese Wirkung verantwortlich sind, zumal beim Vergleichstest mit Tüten- und Dosensuppen sich zum Teil eine bessere Wirkung erzielen ließ.

Eine Vermutung geht dahin, dass Geflügel einen hohen Zinkanteil besitzt, und zwar gebunden an den Eiweißbaustein Histidin. Durch diese Kombination soll der abwehrstärkende Mineralstoff besonders gut resorbierbar sein.

Eine andere rankt sich um das bakterienabtötende Enzym Lysozym aus dem Hühnereiweiß.

Darüber hinaus stellte Rennard fest, dass die Hitze der Hühnersuppe den temperaturempfindlichen Schnupfenviren zusetzt und der heiße Dampf die Schleimhäute befeuchtet, was den Abfluss des Sekrets in den Atemwegen fördert.

Hier regte sich jedoch schnell Widerstand von Fachkollegen: Schließlich wirkt jede heiße Flüssigkeit schleimlösend, ärgert Bakterien und Viren und besänftigt den Husten und wunde Kehlen.

Alles in allem mag Hühnersuppe einen milden, aber nicht genau zu bestimmenden medizinischen Effekt haben oder zumindest die Symptome einer Grippe beziehungsweise eines grippalen Effekts lindern.

Tipp vom Webportal gesundheit.de: »Wer die entzündungshemmende Wirkung der Hühnersuppe noch steigern will, kann ein Stück Ingwerwurzel, etwas Chili und eine Handvoll schwarze Bohnen mitkochen.«

Dann schmeckt's wohl auch besser – möchte der Autor dieses Buches aus durchaus leidvoller eigener Erfahrung hinzufügen.

Was hat der Adamsapfel mit Adam zu tun?

Vielleicht dieses: Adam und Eva waren nach dem biblischen Schöpfungsbericht im Buch Genesis das erste Menschenpaar und die Stammeltern aller Menschen.

Sie lebten zunächst glücklich und unbeschwert im Garten Eden, also im Paradies. Eines Tages verführte die Schlange Eva dazu, einen Apfel vom »Baum der Erkenntnis« zu essen. Das war den beiden Paradiesbewohnern allerdings von Gott verboten worden. Die neugierige Eva aber biss trotzdem in den Apfel, und auch Adam probierte davon – und prompt blieb ihm der Bissen zur Strafe im Halse stecken.

So könnte es zum Namen Adamsapfel gekommen sein.

Könnte – ist es aber nicht. Dennoch hat die Beantwortung dieser Frage etwas mit der Sprache der Bibel zu tun, dem alten Hebräisch.

Zunächst etwas Anatomie: Der Adamsapfel ist nichts anderes als die vordere, verdickte Wand des Kehlkopfes, die die Stimmbänder und den Eingang zur Luftröhre schützt und aus so genanntem Schildknorpel besteht.

Im klassischen Hebräisch hieß nun der Schildknorpel, der auch durch die Haut des Halses hindurch sichtbar und tastbar ist, »tappuach«. Da es im Hebräischen keine Vokale gibt und Buchstabenreihen somit mehrdeutig sind, kann »tappuach« aber auch »Apfel« bedeuten.

Nun kommt hinzu, dass diese Erhebung (also der vorne am Hals hervortretende Schildknorpel) bei Männern deutlich besser sichtbar ist als bei Frauen – obwohl auch Frauen einen Adamsapfel haben. Daher brachte man sie auch nur mit Männern in Verbindung. Und das hebräische Wort für Mann ist »adam«.

Die hebräische Bezeichnung »tappuach ha adam« kann mithin sowohl »vorstehender Schildknorpel des Mannes« bedeuten als auch »Adamsapfel«.

Und diese Wortschöpfung hat sich weltweit eingebürgert, im Deutschen ebenso wie beispielsweise im Englischen (»Adam's apple«), im Schwedischen (»adamsäpple«) oder in Frankreich (»pomme d'Adam«).

Wieso muss man beim Doktor »ah« sagen, wenn er in den Rachen schauen will?

Beim »Ah« kann der Arzt am leichtesten in die Mundhöhle und in den Rachen schauen. Bei einem »Oh« oder »Hmmm« hingegen würde er nichts sehen.

Warum ist das so?

Die Lunge pumpt wie ein Blasebalg die Luft durch die Luftröhre nach außen. Wenn der Rachen und der Mund dabei die Form verändern, entstehen unterschiedliche Laute, wie etwa das »Ah«. A ist ein Vokal, genauso wie E, I, O und das U. Wenn wir einen Vokal aussprechen, strömt die Luft ohne Unterbrechung des Luftwegs nach außen.

Die anderen Buchstaben des Alphabets sind Konsonanten. Bei ihnen wird bei der Aussprache der Luftstrom auf seinem Weg unterbrochen. Das passiert entweder hinten im Hals (beim G und K beispielsweise) oder indem die Zunge am oberen Gaumen aufliegt (zum Beispiel beim L und N) oder indem die Lippen den Luftstrom unterbrechen (P, M).

Bei allen drei Varianten könnte der Arzt nicht in den Rachen schauen, weil der Blick immer an irgendeiner Stelle versperrt ist. Bei den Vokalen ist das anders, und insbesondere beim »Ah« ist der Mund rund und offen, und die Zunge liegt ganz unten, sodass der Blick frei ist bis hinab zu den Mandeln, erklärt »Dr. Mo« vom *WDR*-Fernsehen.

Wieso sind wir morgens größer als abends?

Es stimmt: 1 bis 2 Zentimeter mehr zeigt das Maßband morgens direkt nach dem Aufstehen an. Im Laufe des Tages werden wir dann wieder auf unser normales Maß zurechtgestutzt.

Wie und warum? Das hat etwas mit der Schwerkraft zu tun und mit unserer Wirbelsäule.

Die Wirbelsäule kann man sich wie einen Miniaturzug mit 33 bis 34 Waggons vorstellen. Die »Waggons« sind hier die Wirbelknochen, und dazwischen sitzen als kleine runde Stoßdämpfer die Bandscheiben mit einem zähflüssigen, elastischen, gallertartigen Kern mit hohem Wassergehalt – so ähnlich wie das Öl oder Gas bei einem echten Stoßdämpfer.

Wenn wir beim Gehen, Laufen, Sitzen oder Heben die Bandscheibe belasten, wird die Wirbelsäule kräftig gestaucht. Dabei verhindern die Bandscheiben, dass Wirbelknochen auf Wirbelknochen drückt, sie fangen also jede Menge Stöße und Erschütterungen ab.

Und dieser Druck presst aus den Bandscheiben Flüssigkeit heraus. Dabei schrumpfen sie, vergleichbar mit einem ausgewrungenen Lappen, und zugleich zieht sich die Wirbelsäule insgesamt leicht zusammen. Und da der Mensch 23 Bandscheiben hat, kann das durchaus einen Größenunterschied von bis zu 2 Zentimetern zwischen morgens und abends ausmachen.

Nachts im Liegen, in der Horizontalen, können sich die Bandscheiben entspannen und mit Wasser und Nährflüssigkeit aus ihrer Umgebung vollsaugen. Dabei quellen sie auf ihre natürliche Größe zurück – und wir wachsen wieder.

Was träumen Blinde?

Wer erst nach dem siebten Lebensjahr erblindet ist, kann im Traum noch sehr lange bildhafte Eindrücke haben. Bei blindgeborenen Menschen stehen beim Träumen die anderen Sinnesqualitäten stärker im Vordergrund. Denn Träumen ist viel mehr als bloß ein Film, der vor dem inneren Auge abläuft, sondern ein Erleben.

Wie man sich das vorstellen muss, erklärt ein Betroffener im Blindenforum www.anderssehen.at:

»Ich bin 47 Jahre alt und von Geburt an blind.

Daher kann ich die Frage, wie Blinde träumen, nur aus der Sicht des Geburtsblinden beantworten. Ich träume sehr oft und sehr viel und kann mich auch nach dem Aufwachen noch an sehr vieles erinnern.

Da ich bald ein halbes Jahrhundert alt sein werde, habe

ich in meinem Leben schon sehr viele Träume gehabt. Um es gleich vorwegzunehmen: Ich kann in meinen Träumen nicht sehen. Ich sehe weder Bilder noch Farben noch Dinge oder Menschen. In meinen Träumen spielen sich die Szenen fast so ab wie in meinem wirklichen Leben. Ich kann Dinge und Menschen berühren, kann die Stimmen der Menschen, von denen ich gerade träume, hören und kann mich mit ihnen unterhalten. Nur sehen kann ich sie nicht …

Da gibt es zum Beispiel die so genannten ›Weg‹-Träume. In solchen Träumen gehe ich meistens auf Landstraßen oder schönen Wald- oder Wiesenwegen dahin, höre die Vögel zwitschern, rieche den Duft der Blumen und kann, wenn sich ein Feld in der Nähe befindet, das Getreide betasten.

Manchmal gehen auch andere Menschen mit mir mit, die mich aber nicht zu führen brauchen, denn ich kann in diesen Träumen ganz allein ohne Blindenstock gehen. Wenn ich will, kann ich auch den Pfad verlassen und mich in den Wald begeben, um zwischen den Bäumen hin und her zu gehen, ohne mich zu verirren …

Manchmal träume ich auch, dass ich sogar selber Auto oder Motorrad fahren kann. Das ist sehr toll. Da bekomme ich dann immer ein mächtiges Freiheitsgefühl. Ich wundere mich dann immer nur, dass ich den Weg so gut kenne und nirgends mit meinem Fahrzeug anstoße … Das sind im Großen und Ganzen schöne und ruhige Träume. Natürlich träume ich auch, dass ich in der Stadt herumgehe, aber bei diesen Träumen verpasse ich meistens die Straßenbahn oder bin ganz verzweifelt, weil ich meinen Stock vergessen habe.«

Diesen Erfahrungsbericht kann man so zusammenfassen: Wer nichts sehen kann und im Alltag auf Gehör, Geruchs-, Geschmacks- und Tastsinn angewiesen ist, bleibt auch im Traum auf diese Sinneseindrücke und Erfahrungen beschränkt.

Anders ist es bei Menschen, die erst spät erblindet sind. Diese träumen immer noch optisch, auch wenn sie im Wachzustand gar nichts mehr sehen können. Allerdings lassen die Seheindrücke in den Träumen mit der Zeit nach. Im selben Maß wie das Sehzentrum des Gehirns nicht mehr für die tägliche Orientierung gebraucht wird, werden auch die optischen Erinnerungen abgebaut.

So berichten Späterblindete vermehrt davon, dass sie schwarzweiß träumen, weil sie Farben vergessen haben, oder komplett vergessen, wie Dinge aussehen. Stattdessen rücken Träume in den Vordergrund, in denen Gespräche oder Bewegungseindrücke eine Hauptrolle spielen.

Warum kommen uns beim herzhaften Gähnen manchmal die Tränen?

Beim Gähnen wird die Gesichtsmuskulatur stark angespannt. Dabei wird Zug auf die Augenlider ausgeübt. Zu Tränen kann dies auf zwei Wegen führen. In Ober- und Unterlid befinden sich zahlreiche kleine zusätzliche Tränendrüsen, die sich durch den Muskelzug entleeren. Zudem aktiviert das Gähnen einen Reflex, der dazu führt, dass die beiden Haupttränendrüsen, die innerhalb der Augenhöhlen liegen, zur Produktion von Tränenflüssigkeit angeregt werden.

Was ist eigentlich der »Schlaf« im Auge, wenn wir müde sind?

Vielleicht »eine wunderbare Zaubermischung aus Glitzerstaub von Engelshaar, Blütenstaub von Augentrost, Sand von der Insel der glücklichen Träume und noch vieles mehr«, so wie in dem Online-Märchen vom schlaflosen Herrn Sommerwind? Der beschließt eines Tages, den Schlaf höchstpersönlich aufzusuchen und steht am Ende erstaunt vor »Schlafs Sandstreufabrik« (unter www.kindernetz.de).

Nicht wirklich. Kein Sandmann streut uns Sand in die Augen, den wir uns am anderen Morgen wieder herauswischen. Was sich anfühlt wie kleine Sandkörner, ist Salz aus der Tränenflüssigkeit.

Wenn unser Sehapparat sehr müde und überanstrengt ist, bilden die verschiedenen Drüsen rund ums Auge immer mehr Tränenflüssigkeit, die durch den Lidschlag gleichmäßig über die Horn- und Bindehaut verteilt wird und das Auge feucht und sauber hält. Die Tränenproduktion ist also nicht konstant, sondern kann bei Bedarf – Reizungen, Ermüdung, trockene Luft etc. – rasch gesteigert werden.

Nach getaner Arbeit sammelt sich dieser natürliche Schmierstoff am inneren Lidwinkel, wo er durch einen dünnen Kanal erst in den Tränensack befördert und von hier in die Nase gedrückt wird. Ist der Andrang an den Tränenröhrchen zu hoch, vertrocknet die Tränenflüssigkeit schon vorher in den Augenwinkeln. Die Tränen kristallisieren also zu Salz – und das ist dann der »Schlaf«, den wir in den Augen spüren.

Wieso schlafen viele Menschen bei Vollmond schlecht?

Dieser angeblich »lunare Effekt« entpuppt sich bei näherem Hinsehen als reiner Astralmythos – auch wenn ihm laut einer Forsa-Umfrage aus dem Jahr 2003 88 Prozent der Bundesbürger zustimmen. »Schlafstörungen sind längst eine Zivilisationskrankheit«, sagt dagegen Professor Jürgen Zulley, Leiter des Schlafzentrums am Bezirksklinikum der Universität Regensburg. Existenzsorgen, Zukunftsängste, Stress in Beruf und Familie, zu viel Fernsehen und andere psychische Belastungen bescheren fast der Hälfte der Deutschen Probleme beim Ein- oder Durchschlafen, hat eine Studie des Max-Planck-Instituts für Psychiatrie in München ergeben. Den Mond als Schuldigen für gestörte Nachruhe sprechen dagegen zahlreiche Statistiken frei, etwa die des österreichischen Schlafforschers Professor Josef Zeitlhofer vom Neurophysiologischen Institut der Universität Wien.

Zeitlhofer ließ Patienten mit Schlafstörungen sowie gesunde Vergleichspersonen sechs Jahre lang eine Art Tagebuch über ihre nächtliche Schlafqualität führen. Ergebnis: Egal ob Vollmond, Neumond, zunehmender oder abnehmender Mond – der »bleiche Geselle« (Goethe) hat keinen Einfluss darauf, ob man selig schlummert oder sich stundenlang von einer Seite auf die andere wälzt.

Dennoch mag Kollege Zulley dem Mondglauben (Lunatismus) durchaus etwas Positives abgewinnen: In schlaflosen Nächten sei es ein Leichtes, »alles auf den Mond zu schieben und nicht endlos über andere Ursachen nachzugrübeln«. Derart beruhigt, könne man sicher schneller wieder einnicken.

Kann ein Betrunkener durch einen Schreck schlagartig nüchtern werden?

Nur in Filmen, Büchern oder Internetkurzgeschichten.

Dort werden Betrunkene recht häufig »schlagartig nüchtern«, beispielsweise durch:

- den Anblick eines alten Mannes, der »mit einer Schlinge um seinen Hals an einem Balken hing und hin und her baumelte« (»Die rote Schlange«, www.schluckermedia.de)
- eine Tarotkarte, die den Tod zeigt (»Die Karten lügen nicht«, www.online-roman.de)

- ein »schockierendes Telefonat« (»Und endlich Tränen des Glücks«, www.literaturzone.de)

Wir haben es hier also mit einem beliebten literarischen Motiv zu tun – und möglicherweise hat der eine oder andere selbst schon die Erfahrung gemacht, dass nach einem Beinaheunfall während einer Alkoholfahrt der Kopf plötzlich wieder ganz klar zu sein schien.

Das allerdings ist eine sehr subjektive Empfindung.

Tatsache ist, dass bei starkem Schock oder Schreck die Stresshormone Adrenalin und Cortisol ausgeschüttet werden. Beide wirken im Gehirn und sorgen für eine erhöhte Aufmerksamkeit und Reaktionsfähigkeit. Sie heben die durch Alkoholkonsum verursachte Reaktionsschwäche ziemlich abrupt auf, obwohl natürlich der Alkoholwert im Blut bestehen bleibt.

Der Alkoholisierte ist dann also nicht wirklich nüchterner, sondern bloß wacher. Aber nicht zurechnungsfähiger.

Das bedeutet: Die betreffende Person mag kurzzeitig schneller reagieren können – aber genauso falsch und unbeholfen, wie eben ein Betrunkener zu reagieren pflegt.

In der Wirklichkeit jedenfalls.

In der Unterhaltungsliteratur und im Film hingegen zählt der »plötzlich Ernüchterte« zu den Top 10 der »lustigsten Klischees«, wie man bei http://onunterhaltung.t-online.de nachlesen kann: »Steht ein Held kurz vor der Alkoholvergiftung, so ist er in einer Notsituation wieder schlagartig nüchtern. Er kann Flugzeuge fliegen, brillant denken und gewinnt jeden Zweikampf.«

Wieso kann man von Eiscreme Kopfschmerzen bekommen?

Das seltsame Phänomen wird »Eiscremekopfschmerz«, »Kältekopfschmerz« oder auch »Gehirnfrost« genannt.

Gemeint ist immer dasselbe: Angeblich jeder dritte Eisliebhaber spürt etwa eine halbe Minute nach dem ersten Schlecken einen stechenden Schmerz im Kopf. Auch durch eiskalte Getränke werden diese Kopfschmerzen an heißen Sommertagen ausgelöst.

Gibt es das wirklich?

Ja – sagt jemand, der es wissen muss. Dr. Robert Smith arbeitet am Kopfschmerzzentrum der Medizinischen Fakultät der University of Cincinnati. Und ist selbst betroffen von Eiscremekopfschmerzen.

Um herauszufinden, was es damit auf sich hat, experimentierte er mit Eiswürfeln, die er an verschiedenen Stellen im Mund langsam zergehen ließ. Dabei stellte er fest, dass der »Hirnfrost« immer dann auftrat, wenn das Eis mit dem Ganglion Sphenopalatinum in Berührung kam. Das ist ein Nervenknoten im Rachenraum, eine Art Umschaltstation des vegetativen Nervensystems, dessen feine Äste sich bis in den Kopf verzweigen.

Das Ganglion Sphenopalatinum ist unter anderem auch dann beteiligt, wenn sich die Blutgefäße im Kopf erweitern oder zusammenziehen. Und genau dieser Vorgang – also eine plötzliche abnormale Verengung und Erweiterung der empfindlichen Blutgefäße an der Hirnoberfläche – steht schon seit langem im Verdacht, Migräne auszulösen.

Zusammengefasst lautet Dr. Smiths Theorie vom Eiscremekopfschmerz: Wenn Speiseeis mit seinen minus 20 Grad Celsius den Gaumen berührt, schlagen bei empfindlichen Menschen die dort befindlichen Kälterezeptoren Alarm.

Anders gesagt: Durch das kalte Eis wird der Rachenraum

schnell und massiv abgekühlt. Nerven schicken dann die Botschaft »Gaumen unterkühlt«. Das Gehirn reagiert darauf mit dem Befehl »Blutgefäße verengen«, um den drohenden Wärmeverlust auf ein Minimum zu reduzieren. Smiths Meinung nach kommt es dann zu einer Kettenreaktion, die auch die hinter dem Gaumen liegenden Blutgefäße verkrampfen lässt und so den teils heftigen Kopfschmerz verursacht.

Dazu würde auch passen, dass vor allem solche Zeitgenossen die sommerliche Kugel Eis nicht ungestört genießen können, die ohnehin von wiederkehrenden Kopfschmerzen und Migräne geplagt werden.

Doch das ist nur eine von mehreren Versuchen, die mysteriöse Reaktion vieler Menschen auf Speiseeis zu erklären. Eine andere Theorie nimmt einen hochsensiblen Gesichtsnerv ins Visier, der unter anderem die Gesichtshaut, die Stirnhöhlenschleimhaut und einen Teil der Hirnhäute versorgt.

»Es ist denkbar«, erklären die Wissenschaftsexperten der Online-Zeitschrift www.spektrumdirekt.de, »dass der Genuss von Speiseeis bei einigen Menschen temperaturempfindliche Rezeptoren des Drillingsnervs (Nervus trigeminus) aktiviert, welche dem Gehirn – überreizt durch den Kälteschock – nicht nur die Information ›kalt‹, sondern auch die Botschaft ›Schmerz‹ übermitteln.«

Wie auch immer, die Hauptsache ist: »Zwar sind die Zusammenhänge noch immer nicht geklärt, doch Forscher versichern, dass das Phänomen weder auf eine neurologische Erkrankung hinweist noch durch morphologische Veränderungen des Gehirns hervorgerufen wird.«

Kann man sich wirklich einen Bruch heben?

Diesen Satz hat wohl jeder von uns als Kind schon mal gehört: »Stell das sofort wieder hin, das ist viel zu schwer für dich, du hebst dir ja einen Bruch!«

Aber was soll da eigentlich wo genau brechen? Und wie?

Ein Leistenbruch entsteht, wenn die Leiste einer Belastung oder Beanspruchung nicht mehr standhalten kann. Was die Ärzte fachmedizinisch mit »Leistenhernie« (»Hernia inguinalis«) bezeichnen, ist ein »Aufreißen« oder »Aufbrechen« des Bindegewebes. Das Problem: Ist die Festigkeit des Gewebes erst einmal verloren, entsteht nach und nach ein regelrechtes Loch in der Bauchwand, durch das sich irgendwann Fett und Teile des Darms hindurchzwängen. »Solange dabei keine Nerven eingeklemmt sind, entstehen kaum Schmerzen: Patienten bemerken einen Leistenbruch oft erst, wenn sie im Stehen eine kleine Beule in der Leiste erkennen«, erklärt der Chirurg Dr. med. Eckhard Löhde auf www.leistenbruch-operation.de.

Bei einem Leistenbruch (Leistenhernie) handelt es sich anders gesagt um eine krankhafte Lücke etwa an der Stelle, wo beim Mann der Samenstrang, bei der Frau ein Aufhängeband der Gebärmutter durch die Bauchdecke tritt. Männer sind etwa achtmal so häufig betroffen wie Frauen.

»Ursache für einen Leistenbruch können angeborene und erworbene Risikofaktoren sein«, zitiert die *Apotheken Umschau* den Oberarzt Dr. Wolfgang Reinpold vom Hernienzentrum der Chirurgischen Klinik im Krankenhaus Reinbek, »etwa Bindegewebs- oder Muskelschwäche, eine Dauerbehandlung mit Kortison, Chemotherapie, chronische Verstopfung oder starkes Übergewicht.« Raucher seien gleich doppelt gefährdet: Rauchen schwächt das Bindegewebe, chronischer Husten kann einen Bruch forcieren.

Bei einer Hernie gleitet das Bauchfell nebst Darmschlingen durch die Bruchlücke und bildet unter der Haut eine Beule. So ein Bruch entwickelt sich sehr langsam und entsteht praktisch nie durch einen Unfall.

»Die Leistenbruchoperation ist mit mehr als 200 000 Fällen pro Jahr der häufigste operative Eingriff in Deutschland«, erklärt Reinpold weiter. »Nur eine OP kann die Gefahr einer lebensbedrohenden Einklemmung von Darmschlingen bannen.«

Jedoch: »Das einmalige Heben einer schweren Last«, so das Fazit des Oberarztes, »kann nie Ursache eines Bruches sein, auch wenn er danach erstmalig bemerkt wird.«

Stimmt es, dass bei einer Blutvergiftung ein roter Streifen zu sehen ist?

Eine weit verbreitete Meinung zum Thema Blutvergiftung: Man erkennt sie angeblich daran, dass sich an der Wunde ein roter Streifen bildet. Ist das wirklich so? Die *Apotheken Umschau* ging dieser Behauptung auf den Grund:

»Der Begriff Blutvergiftung ist eine sehr unpräzise Bezeichnung für verschiedene Infektionen«, zitiert das Fachblatt Professor Roland Gärtner. »Der Laie kann damit entweder eine Bakteriämie, eine Sepsis oder eine Lymphangitis meinen«, erklärt der Mediziner von der Medizinischen Klinik Innenstadt der Uni München.

Und nur bei einer dieser drei Formen von »Blutvergiftung« entsteht tatsächlich ein roter Streifen als optisches Warnsignal. Aber gehen wir der Reihe nach:

- *Bakteriämie:* Eine gewisse Anzahl Bakterien hat jeder von uns im Blut. Sie können beispielsweise über kleine Verletzungen des Zahnfleisches in die Blutbahn eindringen.

Normalerweise zeigen sich bei einer solchen leichten Bakteriämie erst gar keine Symptome, weil die meisten Erreger sofort von den weißen Blutkörperchen unschädlich gemacht werden. Bakterien, die über den Darm in unser Blut gelangt sind, werden in der Leber daraus entfernt.

- *Sepsis:* »Wesentlich gefährlicher«, so Professor Gärtner, »ist eine Sepsis.« Die Bakterien kommen zum Beispiel über eine Wunde oder eine Nadel ins Blut; ist das Immunsystem geschwächt, haben die Erreger leichtes Spiel. »Bei uns wird etwa jede Woche ein Patient mit Sepsis eingeliefert«, sagt der Mediziner. »Er muss dann sofort mit Antibiotika behandelt werden, damit es nicht zum septischen Schock kommt.«

  Der Blutdruck würde sonst auf ein lebensbedrohlich niedriges Niveau abfallen und alle lebenswichtigen Organe würden geschädigt werden. Wichtig zu wissen: Die Sepsis geht zwar mit Symptomen wie Schüttelfrost, hohem Fieber, Übelkeit und Durchfall einher – ein optisches Warnsignal zeigt sich aber niemals.
- *Lymphangitis:* »Der typische rote Streifen, etwa an der Innenseite des Unterarms, mit dem Laien hauptsächlich den Begriff Blutvergiftung verbinden, deutet stets auf eine Lymphangitis hin«, erläutert Professor Gärtner. »Er ist Zeichen für eine Entzündung der Lymphbahnen.« Dazu kann es kommen, wenn wir uns (zum Beispiel bei der Gartenarbeit) an der Hand verletzt haben und Bakterien in die Wunde eingedrungen sind. Dann wird neben der Behandlung mit Antibiotika auch der Tetanusschutz aufgefrischt, damit es nicht zum Wundstarrkrampf kommt. (Zitiert nach www.gesundheitpro.de)

Was ist »Hängolin«?

»Wie gut unterrichtete Kreise berichten, wird dieses Hormon in Bundeswehrkantinen schon seit einiger Zeit in das Essen beziehungsweise in das Kaltgetränk der Soldaten gemischt. Hängolin soll bewirken, dass ein Soldat auch nach einer Woche ununterbrochenem Dienst am Vaterland nicht breitbeinig laufen muss, wenn ihm am Haupttor eine Frau begegnen sollte. Ungeklärt sind die Langzeitfolgen, die aus der übermäßigen Einnahme dieses Viagra-Gegenmittels resultieren könnten«, lesen wir zum Beispiel auf der Reservisten-Webseite »Allgemeine GrundAusbildung« (www.aganauten.de).

Auch ein künftiger Grundwehrdienstleistender, der sich bei www.soldatentreff.de vorsorglich erkundigt, »wie ihr das so regelt mit eurer sexuellen Befriedigung nach Dienstschluss«, wird von der Community aufgeklärt: »Hängolin mischt man den neuen Rekruten ins Essen, damit diese keine sexuellen Gelüste über die Dienstwoche hinweg entwickeln.«

Nun weiß jeder, der schon einmal eine Bundeswehrkaserne von innen gesehen hat, dass »Hängolin« auch unter den Bezeichnungen »Schlappofix« oder »Schlapposan« sehr populär ist – und dass das Ganze eine moderne Sage ohne faktischen Grundlage ist, die so oder so ähnlich wohl in allen Armeen der Welt kursiert. Bei unseren Schweizer Nachbarn etwa heißt das sagenumwobene Mittelchen »Nullbock« oder »Antibock«.

Gemeinsam ist »Antibock«, »Hängolin« und Co., dass es eine geeignete medizinische Substanz mit der besagten Wirkung nicht gibt und ihre massenhafte Beigabe zudem nie so genau dosiert werden könnte, dass keine unerwünschten Nebenwirkungen auftreten.

Darüber hinaus stellt die unfreiwillige Verabreichung von

Arzneimitteln eine Körperverletzung dar, und nicht zuletzt bekommen beim Bund Grundwehrdienstleistende und höhere Dienstgrade (also auch Heimschläfer, Offiziere etc., die auf eine Libidoeinschränkung vermutlich wenig Wert legen) dasselbe Essen aus der Truppenküche.

Wie heißen eigentlich unsere fünf Zehen?

»Zeigezeh«, »Ringzeh«, »Mittelzeh«, »kleiner Zeh«?

Nein. Weil die Zehen – im Gegensatz zu unseren einzelnen Fingern – keine besondere Bedeutung oder Funktion haben, tragen sie auch keine Namen.

Sie heißen einfach »Digitus pedis« (lateinisch: »Finger des Fußes«) II bis V. Nur der große Zeh wird in der medizinischen Fachsprache etwas herausgehoben und nicht sehr einfallsreich als »Digitus primus pedis« bezeichnet.

Viel phantasievoller als Ärzte sind da Kinder, die ihre fünf Zehen beispielsweise »Großer Onkel«, »Kleine Tante«, »Autsch«, »Knuddel« und »kleiner Zeh« nennen oder »großer Otto«, »langer Lulatsch«, »Sandwich-Zeh«, »großer Bruder« und »kleiner Knirps« (gefunden bei www.affenterz.de).

Warum friert man manchmal, obwohl man Fieber hat?

»Man friert nicht tatsächlich, wenn man Fieber hat«, erklärt Professor Dr. Klaus Wahle, Leiter des Arbeitsbereichs Allgemeinmedizin der Westfälischen Wilhelms-Universität Münster. »Oder besser: Dem fiebernden Menschen ist nicht wirklich kalt, sondern tatsächlich viel zu heiß. Er empfindet das aber anders. Das Gehirn gibt ihm sozusagen ein falsches Signal.«

Nämlich welches?

Der Wärmehaushalt eines Menschen wird vor allem durch die Haut reguliert. Der Sollwert für die Körpertemperatur liegt bei etwa 37 Grad Celsius. Wenn der Körper sich erhitzt (zum Beispiel beim Sport), dann reguliert der Körper seinen Wärmehaushalt, indem er die Hautporen öffnet. Umgekehrt schließt der Körper die Poren, wenn ihm kalt ist – um die Körpertemperatur hochzuhalten und Wärmeverlust zu vermeiden.

Logisch wäre nun, dass der Körper mit Schwitzen und Hitzewallungen reagierte, wenn er zum Beispiel aufgrund eines Infekts einen Abwehrkampf auszufechten hat. Dies kann auch so sein, doch spielt bei fiebernden Menschen das Gehirn nicht immer mit: Es kann dem Körper – trotz Schwitzens und einer Körperwärme von 39 Grad Celsius – vorgaukeln, ihm sei kalt. Das Gehirn sorgt dafür, dass der Körper meint: 39 Grad reichen heute nicht, um sich wohlig warm zu fühlen.

Das Problematische daran ist, dass der Körper das glaubt – und mit Frieren, also leichten Muskelkontraktionen oder sogar mit Schüttelfrost darauf reagiert – und durch diese Bewegung des Körpers die tatsächlich vorhandene Wärme im Körper noch mal erhöht wird. (Zitiert nach www.wissenschaft-im-dialog.de)

Stimmt es, dass man bei Vergiftungen Milch trinken soll?

Milch steht immer noch im Ruf, ein wirksames Hausmittel bei Vergiftungen zu sein.

Heute wird jedoch ausdrücklich davor gewarnt.

Milch steigere sogar die Aufnahme mancher Giftstoffe im Magen-Darm-Trakt, bewirke also, dass das Gift schneller ins Blut aufgenommen wird, begründet der Leiter des Rotkreuz Lehrinstituts in Münster, Franz Keggenhoff, diese Warnung.

Es stimmt zwar, dass Milch einige Säuren und Laugen teilweise neutralisieren kann. Das aber wiegt einen anderen gravierenden Nachteil von Milch im Vergiftungsfall nicht auf: Sie erschwert massiv eine Magenspiegelung, weil das Milcheiweiß im Verdauungstrakt verklumpt, und versperrt gewissermaßen dem untersuchenden Arzt die Sicht, der sich ein Bild von den Schäden durch den Giftstoff machen will.

Richtig ist, dass verschluckte Giftstoffe durch große Trinkmengen verdünnt werden. Die Giftaufnahme ins Blut verlangsamt sich dadurch. Empfohlen wird vor allem Wasser, aber auch Saft und Tee sind geeignet. Für Vergiftungsfälle sollte in jeder Hausapotheke auch medizinische Kohle bereitliegen. Sie wird in Wasser aufgelöst getrunken und wirkt, indem sie Giftstoffe einschließt und über den Darm ausscheidet.

Wissenschaftliches

Was war zuerst da – die Henne oder das Ei?

Dieser Frage haben sich schon ganze Heerscharen von Philosophen gewidmet. Wenn ein Huhn ein Ei gelegt hat, ist da ein werdendes Huhn drin; aber wo war das Huhn drin, das das Ei gelegt hat? In einem Ei.

Häh?

Huhn – Ei – Huhn – Ei oder Ei – Huhn – Ei – Huhn? Verwirrend!

Geben wir daher zunächst einem populären Experten das Wort, nämlich »Dr. Mo« vom TV-Magazin *Wissen macht Ah!* (im *Ersten* und im *KIKA.):*

»Gehen wir in der Geschichte der Menschheit ein paar tausend Jahre zurück. So ungefähr bis ins Jahr 2500 vor Christus. Aus dieser Zeit nämlich stammen die ältesten, gesicherten Nachweise darüber, dass Menschen Hühner als Haustiere gehalten haben. Das Bankivahuhn ist eins dieser frühen Hühner. Von ihm stammt auch unser heutiges Haushuhn ab. Auch das Bankivahuhn hat schon Eier gelegt.

Also noch weiter zurück in die Vergangenheit: nämlich 135 Millionen Jahre. Das bringt uns mitten in die Kreidezeit. Und aus dieser Zeit von vor 135 Millionen Jahren hat man in China viele versteinerte Eier gefunden. Eier, die von Dinosauriern gelegt wurden. Und Dinosaurier – wie heute noch alle Reptilien – haben immer schon Eier gelegt, auch schon vor 230 Millionen Jahren, als die ältesten Dinosaurier auftauchten. Und damals gab es mit Sicherheit noch kein Huhn weit und breit. Deshalb kann man mit ziemlicher Sicherheit sagen:

Das Ei war vor dem Huhn da.«

Das also können wir festhalten: Das Ei war früher da als das Huhn – auch wenn es kein Hühnerei war.

Ist die obige Frage, die lange Zeit gar als unlösbar galt, damit beantwortet?

Wohl nicht ganz. Hinzuzufügen wäre noch: Weder das Huhn noch das Ei waren plötzlich einfach da, sondern beide sind das Ergebnis einer jahrmillionenlangen Evolution. Sehr stark vereinfacht heißt das: Laut Evolutionstheorie hat irgendein Geschöpf (nennen wir es simplifizierend »Vorhuhn«) ein Ei gelegt, und aus diesem Ei schlüpfte ein Lebewesen, dessen genetischen Merkmale sich von Generation zu Generation veränderten, bis es sich von seinem Urahn deutlich unterschied, immer hühnerähnlicher wurde und schließlich nach einem Evolutionssprung zu unserem heutigen Huhn mutierte.

Anders gesagt: Die konkrete Frage nach der Herkunft des Tieres »Huhn« stellt aus moderner wissenschaftlicher Sicht kein »Henne-Ei-Problem« mehr dar, da die Mehrheit der Wissenschaftler annimmt, dass es sich evolutionär aus Vorläufern entwickelt hat – also im biologischen Sinn weder ein »erstes Huhn« existierte noch ein »erstes Hühnerei«.

Dennoch kann man bis in alle Ewigkeit weiter über das »Henne-Ei-Problem« streiten.

Denn erstens gibt es da die so genannten Kreationisten, die die Evolutionslehre ablehnen und stattdessen wort- und buchstabengetreu die biblische Schöpfungsgeschichte verfechten, nach der Gott alle Arten von Tieren geschaffen hat – und damit auch die Henne. In dieser Sichtweise legte die Henne nach der Begattung durch den ersten Hahn das erste Ei, aus denen dann der erste Nachwuchs in Form von Hühnerküken schlüpfte.

Die Argumentation der Kreationisten geht etwa so: »Die logische Antwort ist einfach die, dass das Huhn zuerst da gewesen ist, da nur ein Huhn ein Hühnerei legen kann. Wäre das Ei zuerst da gewesen, wäre es kein Hühnerei. Sondern ein Ei der Spezies, die es gelegt hat.«

Zweitens bemühen sich auch Experten immer wieder, die Frage neu aufzuwerfen und argumentativ weiter zu verkomplizieren.

So berichtete *Der Spiegel* im Mai 2006 von »drei ausgewiesenen Fachleuten« aus England, die sich zusammengetan hätten, um »eine so einleuchtende wie simple Lösung« zu präsentieren:

»Der Evolutionsgenetiker John Brookfield von der University of Nottingham erläuterte demnach zunächst, dass sich das Erbgut eines Tieres im Laufe des Lebens nicht ändere (sondern nur bei der Befruchtung; Anm. d. Autors). ›Das erste lebende Ding, das man unzweifelhaft zur Spezies der Hühner zählen konnte, wäre also das erste Ei‹, führte er aus. Damit schloss er aus, dass ein anderes Tier sich irgendwann zum ersten Huhn verwandelt haben könnte.

Das erste Ei sei ein Hühnerei gewesen, weil es ein Huhn in sich trug, führte auch der Wissenschaftsphilosoph David Papineau vom renommierten Londoner King's College anschließend aus. Daran ändere auch die Tatsache nichts, dass es von einem anderen Tier gelegt wurde. ›Der Schluss ist deshalb zwingend, dass das Hühnerei zuerst kam und die Henne danach‹, führte er aus. Damit schloss er aus, dass das erste Huhn aus einem Nicht-Hühnerei geschlüpft sein könnte.

Auch der Hühnerzüchter und Chef des Geflügel-Handelsverbands Great British Chicken, Charles Bourns, kam zu dem Ergebnis, dass das Ei zuerst da war. Allerdings legte er seinen methodischen Ansatz nicht offen: ›Eier gab's schon lange, bevor die Hühner dahergekommen sind‹, wurde er lediglich zitiert.«

Inwieweit das verquaste Gerede dieser belanglosen, aber medienwirksamen Expertenrunde »einleuchtend« ist, sei dahingestellt.

Und drittens kann man das »Ei-Henne-Problem« auch schlicht als Metapher für die Frage nach Ursache und Wirkung sehen.

Die Online-Enzyklopädie *Wikipedia* gibt dafür folgendes Beispiel an:

»Das Henne-Ei-Problem etwa der Wasserstoffwirtschaft besteht darin, dass auf der einen Seite die Autohersteller klagen, dass es noch keinen preisgünstigen Wasserstoff und schon gar kein flächendeckendes Wasserstoff-Tankstellennetz gebe.

Die dafür zuständigen Energieversorger führen dagegen an, dass bisher noch preiswerte Wasserstoffautos, die in Serie produziert werden könnten, fehlen.«

Ist Parapsychologie eine Wissenschaft?

Wenn dem so wäre – wieso sind dann faszinierende Phänomene wie außersinnliche Wahrnehmung (ASW) oder Psychokinese (PK) nicht das Thema Nummer eins in der Wissenschaft und in den seriösen Medien?

Wieso hat noch kein Parapsychologe einen Nobelpreis erhalten für den Nachweis eines über die bekannten fünf Sinne hinausgehenden »Informationskanals« oder einer Kraft des »Geistes über die Materie«?

Warum ist es bislang noch keiner Testperson gelungen, die hochdotierten Preise mit nach Hause zu nehmen, die Skeptikerorganisationen und verschiedene Zeitschriften für den Nachweis eines echten »Psi«-Phänomens (»Psi«: ein Sammelbegriff, abgeleitet vom 23. Buchstaben des griechischen Alphabets) ausgeschrieben haben?

Irgendetwas scheint also nicht zu stimmen mit der Behauptung, dass zum Beispiel Telekinese (also die direkte Beeinflussung physikalischer Systeme durch den Geist, ohne Muskelkraft oder Tricks) »grundsätzlich bewiesen ist«, wie die US-amerikanischen Parapsychologen Dean Radin und Jessica Utts öffentlich erklären.

Parapsychologen in Deutschland sind deutlich vorsichtiger mit solchen Aussagen. Eberhard Bauer vom Freiburger Institut für Grenzgebiete der Psychologie und Psychohygiene (IGPP) weist darauf hin, dass es sich bei »ASW« oder »Psychokinese« um vorläufige Begriffe handele, die »bloß beschreibend gemeint sind und keinen Erklärungswert beanspruchen können«. Die wissenschaftlich vernünftige Frage laute daher nicht: »Gibt es Psi?«

Sondern: »Wie können solche anomalen Berichte, die zweifelsfrei existieren, am besten erklärt werden?« Das Spektrum möglicher Erklärungen reiche dann von Zufall, Einbildung, Betrug oder Wahrnehmungstäuschung (»dem einen Extrem«) bis zur Annahme eines paranormal vermittelten Informationsprozesses (»dem anderen Extrem«).

Eigentlich sagt der Begriff »Parapsychologie« schon alles: »Para« ist die griechische Vorsilbe für »neben«, die Parapsychologie beschäftigt sich also mit Phänomenen neben dem normalen Forschungsbereich der Wissenschaft, über deren Existenz kein »common sense« besteht. Diese Tatsache allein macht Parapsychologie noch nicht unseriös, denn natürlich kommt es immer wieder vor, dass Theorien erst einmal heftig angefeindet werden und sich später dennoch als richtig erweisen.

Als Beispiel mag der Wiener Arzt Ignaz Philipp Semmelweis gelten, der 1847 entdeckte, dass das Kindbettfieber eine Schmutzinfektion ist, die über die ungewaschenen Hände von Geburtshelfern übertragen wird.

Und vermutlich wäre jeder milde belächelt worden, der vor zweihundert Jahren etwas von »fernsehen« oder »telefonieren« erzählt hätte. Nur: Ab dem Zeitpunkt, da elektrischer Strom und Magnetismus bekannt waren, konnte man die Phänomene, die auf diesen Kräften beruhen, zuverlässig erzeugen – und ein kontrollierter Einsatz war von da an möglich.

Parapsychologen dagegen behaupten Phänomene, deren Existenz nicht zweifelsfrei nachgewiesen ist, die man nicht positiv definieren kann und die darüber hinaus nicht mit normalwissenschaftlichen Mitteln erklärbar sind.

»Normalwissenschaftlich« bedeutet zum Beispiel, dass Theorien einen Erklärungswert und prognostische Relevanz besitzen, also Voraussagen erlauben. Dafür aber müssen entsprechende Versuchsergebnisse reliabel (zuverlässig und wiederholbar) sein. Bleiben wir exemplarisch bei diesem Punkt: »Wenn die Parapsychologen ihr Forschungsgebiet als wissenschaftlich ansehen wollen, dann müssen sie die normalen Regeln akzeptieren, die für Wissenschaftler vorgeschrieben sind«, merkte der walisische Psychologieprofessor Mark Hansel von der Universität Swansea in seinem kritischen Buch *ESP – A Scientific Evaluation* (1980; ESP = Extra Sensory Perception; Anm. d. Autors) an. »Und wenn jemand die Existenz eines sehr unwahrscheinlichen Phänomens demonstrieren will, dann braucht man weitere Demonstrationen dieses Phänomens, die dasselbe Resultat ergeben.«

Dem widersprechen Parapsychologen vehement.

Dr. Dr. Walter von Lucadou von der Wissenschaftlichen Gesellschaft zur Förderung der Parapsychologie (WGFP) in Freiburg etwa hält es sogar für »prinzipiell nicht möglich«, ein Experiment identisch zu wiederholen, da psychologische Fragestellungen von großer Komplexität seien, »die in der

Parapsychologie durch verschiedene Faktoren noch erhöht wird«.

Aber was will Lucadou damit eigentlich sagen?

Die Behauptungen der Parapsychologen sind meist nicht so gewagt, dass eine empirische Überprüfung unmöglich wäre. Letztendlich kapituliert auch Lucadou vor der wissenschaftlichen Anforderung, eine lückenlose Kausalkette vom »Psychischen« zum »Physikalischen« zu belegen.

Denn neben dem psychologischen Aspekt paranormaler Phänomene (etwa dass diese durch einen besonderen seelischen Zustand hervorgerufen werden) müsste die Parapsychologie auch physikalische Gesetze (wie die Gravitation oder die Energieerhaltungssätze) mentalistisch erklären. Davon aber ist sie noch weit entfernt.

Zusammengefasst kann die Parapsychologie deshalb (noch?) nicht als echte Wissenschaft gelten, weil

- sie im Widerspruch zu gesicherten Erkenntnissen steht;
- sie keine positive Definition von »Psi« kennt; »Psi« steht als Leerformel lediglich dafür, dass die Daten/Ergebnisse eines Experiments nicht hundertprozentig erklärt werden können, statt »Psi« könnte ebenso gut von »Fehlervarianz« oder Ähnlichem gesprochen werden;
- Replikationen (also die Wiederholung der Experimente durch andere Forscher an anderen wissenschaftlichen Instituten) sich stets als problematisch bis unmöglich erwiesen haben, egal um welches neue »Vorzeigeexperiment« auch immer es sich handelte;
- die Effektgrößen so klein sind, dass eine praktische Anwendbarkeit von »Psi-Fähigkeiten« nicht gegeben ist;
- Parapsychologen als Ersatz für empirisch überprüfbare Erklärungen selbst immunisierende Argumente verwenden; Begriffe wie »Psi-Missing«, »Absink-Effekt« oder »Beob-

achter-Effekt« werden eingeführt, um ergebnislose oder widersprüchliche Resultate trotzdem mit der »Psi«-These in Einklang bringen zu können;
- sie kein theoretisches Gerüst vorzuweisen in der Lage ist, das auch nur unter den Parapsychologen selbst allgemein anerkannt wäre.

Und so zieht der amerikanische Psychologe und Parapsychologiekritiker James Alcock den Schluss: »Parapsychologen wollen keine Erklärungen für ihre Daten. Sie sind eher motiviert, Daten zu suchen, die ihren Erklärungen entsprechen. Ihr Glaube an eine erweiterte Sichtweise auf die menschliche Existenz ist so groß, dass sie der Nullhypothese (also der Annahme, dass nichts dran ist an vermeintlichen übersinnlichen Phänomenen; Anm. d. Autors) einfach keine echte Chance geben.«

Wieso haben viele Kinder (und auch Erwachsene) Angst vor Clowns?

Gibt es etwas Schlimmeres als »Menschen, die in großen Schuhen und mit Plastikglatzen auf dem Kopf auf dicke Hintern fallen und dabei Wasser verspritzen oder hupen oder ›Schöööööön!‹ rufen?«

Kaum – findet nicht nur die Berliner *tageszeitung (taz)*. Clowns seien schlicht »die Pest«, schrieb die Journalistin Jenni Zylka in der Ausgabe vom 4. Februar 2003. Und sie befindet sich mit dieser Meinung in bester Gesellschaft.

Der US-amerikanische Rapper P. Diddy (Sean »Puffy« Combs alias »Puff Daddy«) hat nach eigenem Bekunden panische Angst vor Clowns und reagiert mit Übelkeit, Benommenheit und Atemnot auf die verkleideten Spaßmacher. Angeblich hat Diddy sogar vertraglich festgelegt, dass keine

Clowns in seiner Nähe sein dürfen, wann und wo immer er in der Öffentlichkeit auftritt. Somit haben Clowns bei Puffy wirklich nichts zu lachen.

Auch Hollywoodstar Johnny Depp leidet schlimm an Coulrophobie, wie diese an sich unbegründete, aber krankhafte Abneigung offiziell heißt.

Und damit sind nur einige der bekanntesten Clownphobiker genannt. Tatsächlich gibt es viel mehr Betroffene.

Etwa eine gewisse »Tinkerbell«, die sich unter diesem Pseudonym im Kummerkasten des Webforums »goLyrics« zu Wort meldet:

»Hey Leute, na ja, ich weiß nicht genau, ob das Thema hier so richtig hinpasst, aber ich wollte mich mal umhören.

Ich weiß nicht, ob jemand schon mal davon gehört hat: Coulrophobie. Ich habe panische Angst vor Clowns. Einigen mag das lächerlich erscheinen, aber ich fange an zu zittern, schnell zu atmen und zu weinen, wenn ich nur Bilder von ihnen sehe. Die richtigen Dinger meide ich seit langer Zeit. Allgemein sind verkleidete Leute nicht mein Ding, aber Clowns sind die Krönung. Manchmal wache ich nachts auf, weil ich von einem geträumt habe. Dann muss ich mich manchmal fast übergeben.

Es lässt sich nicht beschreiben. Die Dinger sind widerlich. Ich wollte wissen, was ihr für Ängste habt und ob ich hier alleine bin oder jemand meine Angst teilt?«

Nicht nur »jemand«, sondern viele Menschen teilen diese Angst.

»Hey Tinkerbell, ich kann dich ganz gut verstehen«, kam prompt eine von zahlreichen Antworten auf das oben zitierte Posting.

»Mir ging es früher auch mal so in der Art, nur vielleicht nicht ganz so extrem, aber Clowns waren mir früher, als ich jünger war, auch nicht geheuer, und ich fing auch schon mal zu heulen an und so. Mittlerweile finde ich sie nur irgendwie komisch unsympathisch.«

»Irgendwie komisch unsympathisch« – das ist wohl eine treffende Umschreibung des merkwürdigen Phänomens der Coulrophobie.

Die Zeitung *Tagesspiegel* adelt Coulrophobie gar schon zur Volksneurose: »Das rote Haar. Diese grinsende Wunde von Mund. Die Kleidung, wie von Gichtkranken in der Hölle genäht ... Horden von fröhlichen Clowns sind aus ihren Zirkusgehegen ausgebrochen und belästigen Menschen in Schnellrestaurants, Fußgängerzonen und Krankenhäusern. Sie benehmen sich fröhlich, aber es ist eine Fröhlichkeit am Rande der Hysterie, eine manische Fröhlichkeit – nur einen Herzschlag davon entfernt, in mörderischen Zorn umzukippen?«

Ist das ironisch gemeint?

Nicht unbedingt.

Kein Geringerer als Horrorkönig Stephen King hüllt in seinem Bestseller *Es* das leibhaftige Böse in ein bauschiges Clownskostüm mit roten Pompons und einer schlaffen Fliege um den Hals.

Und er muss es eigentlich wissen.

In den USA und Großbritannien gehören gar »Phantomclowns«, die Kinder entführen oder ermorden, seit den 1980er Jahren zum festen Repertoire der so genannten Großstadtsagen (urban legends), in denen sich üblicherweise Ängste und Befindlichkeiten unserer modernen Zeit in erzählerischer Form ausagieren.

In Deutschland ist Ähnliches zu beobachten:

Ein Clown, der Kindern aus diversen Gebüschen heraus aufgelauert haben soll, beschäftigte beispielsweise 1997 in Ahlen mehr als hundert Polizeibeamte. Die mit dem mysteriösen Fall betrauten Experten rätseln bis heute, ob der

Übeltäter bloß ein Phantasiegespinst gewesen ist – oder tatsächlich existierte und möglicherweise von einem Wanderzirkus in der Nähe aus umging.

Wie dem auch sei: »Ich krieg' voll die Panik, wenn ich Menschen in bunten Kleidern und roten Nasen sehe«, bekennt ein namenloser Schreiber im Weblog »nemo.twoday.net«. Und weiter: »Ich fand schon als Kind Clowns unheimlich. Nein, nicht lustig, sondern beängstigend!«

Warum ist das so?

Psychologen sehen den Auslöser der Clownphobie vor allem in der aufgeschminkten Maske des Schaustellers, die es dem Betrachter unmöglich macht, seine wahre Gefühlslage zu durchschauen. Ist der Clown wirklich so freundlich, wie sein starres breites Grinsen vorgibt – oder verbergen sich dahinter abgründige seelische Regungen?

»In Wirklichkeit sind Clowns hinter der Bühne schlecht gelaunte, kettenrauchende Alkoholiker, die Mädchen angrabbeln«, glaubt jedenfalls Jenni Zylka.

Ihr und allen Leidensgenossen sei das englischsprachige Anti-Clown-Forum www.ihateclows.com zum gegenseitigen Austausch und zur Vertiefung dieser Diskussion empfohlen.

Warum kann man Salzwasser nicht trinken?

Es scheint absurd: Schiffbrüchige auf hoher See verdursten, obwohl sie von Wasser umgeben sind.

Was genau ist eigentlich das Unverträgliche an Meerwasser – also Salzwasser und somit eine wässrige Lösung von Salzen (überwiegend Natriumchlorid = Kochsalz)? Denn auch wenn wir Salzwasser trinken, haben wir doch jedenfalls mehr Wasser in uns als vorher, im Magen, auch im Darm.

Das Problem: Dort wird es gar nicht in erster Linie gebraucht. Wasser bleibt nur zehn bis zwanzig Minuten lang im Magen, dann wird der allergrößte Teil weitergeleitet.

Wohin?

Etwa zwei Drittel unseres Körpergewichts sind reine Flüssigkeit. Das heißt: Ein Mensch, der 75 Kilo wiegt, hat etwa 40 Liter Wasser im Körper. Fast zwei Drittel der Körperflüssigkeit, zirka 26 Liter, befinden sich innerhalb unserer Zellen. 8 Liter schwimmen in den Zellzwischenräumen und knapp 4 Liter im Blut. Der Rest wird mit dem Stuhl, mit der Atmung und im Urin ausgeschieden.

Damit das Wasser dort ankommt, wo es hin soll, ist Salz von entscheidender Bedeutung. Das Mineral sorgt dafür, dass der Wassergehalt im Blut, in den Zellen und zwischen den Zellen stets gleich bleibt. Denn Salz bindet Wasser und zieht es so immer dorthin, wo es gebraucht wird. Im Blut ist die Salzkonzentration am höchsten (0,9 Prozent). So kann das Blut Wasser aus den Zellen ziehen und im Organismus verteilen.

Ohne Wasser könnte nämlich keine einzige der 100 Billionen Zellen in unserem Körper arbeiten. Über das Wasser transportiert jede Zelle das Produkt, das sie herstellt, in den Blutkreislauf, etwa Hormone oder Proteine. Und über das Wasser bekommt sie die nötigen Nährstoffe geliefert, also das Material, das sie für ihre Produktion braucht.

Zurück zur Ausgangsfrage: Unser Trinkwasser hat einen verschwindend geringen Salzgehalt von durchschnittlich 100 bis 500 ppm (ppm = »parts per million« = 1 Millionstel), Meerwasser 35 000 ppm, was einem Salzgehalt von 3,5 Prozent entspricht. Das heißt: Beim Verdampfen von einem Liter Meerwasser würden 35 Gramm Salz übrig bleiben.

Trinkwasser oder auch das so genannte Süßwasser der Flüsse, Bäche und Binnenseen mit einem Salzgehalt von 0,1 bis 0,3 Prozent kann also den komplizierten Wasserhaushalt in unserem Körper nicht durcheinanderbringen.

Meerwasser dagegen schon.

Kurz gesagt: Trinkt man zu viel Salzwasser auf einmal, wird der Wasserbedarf nicht gestillt, sondern man trocknet innerlich aus.

Denn Durst entsteht immer dann, wenn zu viel Salz und zu wenig Wasser im Körper ist – wenn also das Blut zu »dick« und übersalzen wird. Dann läuft das weitläufige Wasserstraßentransportnetz, das für die Zellen überlebenswichtig ist, Gefahr, bald brachzuliegen. Diese Gefahr ist mit Trinkwasser sehr schnell wieder zu bannen.

Steht indes nur Salzwasser zur Verfügung, wirkt sich das fatal aus, denn: Einer der zahllosen Regelmechanismen unseres Körpers ist die so genannte Osmose.

Darunter versteht man grob vereinfacht die Tatsache, dass eine Flüssigkeit mit niedriger Konzentration eines gelösten Stoffs (zum Beispiel Wasser mit einem bestimmten Salzgehalt) immer und automatisch dorthin strömt, wo eine höhere Konzentration des gelösten Stoffs herrscht, um sich zu vermischen und damit die Differenz auszugleichen – sogar durch eine Wand oder Mauer hindurch.

Im Körper findet die Osmose zwischen den einzelnen Zellen statt, und die besagte Mauer ist in diesem Fall die Zellwand oder »Membran«. Der Osmoseprozess stoppt erst, wenn sich beide Seiten angeglichen haben.

Wie schon gesagt, hat das Wasser in unseren Zellen einen bestimmten Salzgehalt, der weitaus geringer ist als der von Meerwasser.

Wird nun die Zellwand, die Membran eben, von außen mit hochsalzigem Meerwasser umspült, so zieht das die Flüssigkeit aus der Zelle heraus, anstatt hineinzuströmen. Denn die Osmose will ja einen Ausgleich schaffen zwischen den beiden unterschiedlichen Salzkonzentrationen (hier im Blut und in der Zelle).

Folge: Die Zellen schrumpeln ein, weil zu viel Wasser ins übersalzene Blut abgeführt wird. Der Wasserhaushalt gerät völlig aus der Balance. Und das ist der Moment, wo Schiffbrüchige mitten im Meer vertrocknen und verdursten.

Außerdem ist der Salzgehalt von Meerwasser auch zu groß, um von den Nieren ohne weiteres aufgenommen und weiterverarbeitet zu werden.

In drei Sätzen zusammengefasst könnte man sagen: Würden wir größere Mengen Salzwasser trinken, müsste der Körper versuchen, das viele Salz wieder loszuwerden, um die normale Konzentration von Salz im Blut nicht gefährlich in die Höhe schnellen zu lassen; das nämlich würde die Zellen entwässern. Dazu braucht er mehr Wasser, als er aufgenommen hat – wir bekämen noch mehr Durst anstatt weniger.

Dort also, wo das Wasser letztlich hin soll, in die Zellen, würden wir es mit jedem Schluck Salzwasser mehr entziehen.

Steigt das Wasserdefizit im Körper auf mehr als 20 Prozent, führt das zum Tod durch Austrocknen.

Wann aber ist der Punkt erreicht, da das Trinken von Salzwasser unwiderruflich lebensbedrohend wird?

Das dürfte sich kaum verbindlich feststellen lassen, obwohl es zu dieser Frage schon schmerzhafte Selbstversuche von Abenteurern und Medizinern gegeben hat. »Es gilt abzuwägen«, schrieb *Der Spiegel* im Januar 2006: »Gar kein Wasser schadet, zu viel Salz aber auch. Und dann kommt es noch auf den Zeitpunkt an. Entscheidend ist, dass das osmotisch geregelte Verhältnis von Wasser und Salz im Körper nicht kippt.«

Schiffbrüchige sollten, wenn sie über einen gewissen Süßwasservorrat verfügen, diesen so weit mit Salzwasser strecken, bis die Grenze des Verträglichen erreicht ist. Ist nur Salzwasser vorhanden, so empfehle es sich, davon vor allem am Anfang zu schlucken, wenn nämlich der Körper noch nicht dehydriert ist und sich das Salzwasser darin auf das verträgliche Maß verdünnt. »Falsche Sparsamkeit, das Warten auf den großen Durst, ist deshalb verfehlt«, riet das Blatt weiter: »Kleine Dosen helfen, den Salzgehalt möglichst lange auf einem gesundheitsverträglichen Maß zu halten.«

Aus demselben Grund sollten Schiffbrüchige tunlichst alles Schweißtreibende vermeiden. Je mehr Flüssigkeit ausgeschwitzt wird, desto konzentrierter wird die Salzlösung im Körper.

Versuche der französischen Armee hätten übrigens ergeben, dass der Mensch es mit Salzwasser sechs Tage aushalten würde. Danach erst werde die Osmose problematisch.

Wieso bestätigt eine Ausnahme die Regel?

Nehmen wir folgendes Beispiel:

Wenn die Regel lautet: »Sonntags haben die Geschäfte zu«, dann wäre ein verkaufsoffener Sonntag die Ausnahme, welche die Regel bestätigt.

Das ergibt durchaus Sinn, man darf bloß den Satz »Die Ausnahme bestätigt die Regel« nicht zu wörtlich nehmen.

Angeblich geht diese Redewendung auf einen Rechtsgrundsatz der griechisch-römischen Antike zurück, auf das so genannte Übermaßverbot, das lautete: »Abusus non tollit usum«, übersetzt etwa: Missbrauch hebt den rechten Gebrauch nicht auf.

Das soll bedeuten: Ein Recht darf nicht angezweifelt oder ausgesetzt werden, nur weil es mitunter missbraucht wird.

Wann dieses »Übermaßverbot« sprachlich zu dem an

und für sich unsinnigen Spruch »Die Ausnahme bestätigt die Regel« geronnen ist, lässt sich nicht mehr zurückverfolgen. Gemeint war damit aber stets, dass eine Regel nicht deshalb ungültig ist, weil Fälle eintreten, die gegen ihre Gültigkeit zu sprechen scheinen.

Oder anders gesagt: Es ist nicht die Ausnahme, die die Regel bestätigt. Sondern derjenige, der diese Redewendung anbringt, bestätigt die Regel, indem er einen von der Regel abweichenden Fall zur Ausnahme erklärt.

In der Wissenschaft wird die Redewendung von der Ausnahme, welche die Regel bestätigt, so verstanden und angewendet: »Finde heraus, ob es Ausnahmen gibt, um zu prüfen, ob die Regel stimmt.«

Warum dreht sich die Erde um sich selbst?

Wieso wird uns nicht schwindelig, wo doch die Erde sich permanent um ihre eigene Achse dreht – und wir uns mit ihr? Diese Frage haben wir schon in *Warum die Waschmaschine Socken frisst* (Knaur 2005) beantwortet.

Prompt wollten unsere Leser wissen: Warum dreht sich die Erde überhaupt?

Sie rotiert sogar doppelt, einmal um sich selbst, um ihre eigene Achse. Einen Effekt davon spürt man sozusagen täglich: Es ist der Wechsel von Tag und Nacht. Diese Rotation dauert genau einen Tag, 24 Stunden. Zum anderen dreht sich die Erde um die Sonne. Ein Effekt davon ist der Wechsel der Jahreszeiten. Diese Rotation dauert ein ganzes Jahr.

»Niemand war dabei, als sich die Erde zu drehen begann. Deshalb können Wissenschaftler nur Theorien darüber aufstellen«, sagt Franz Ossing, Leiter der Abteilung Presse- und Öffentlichkeitsarbeit am GeoForschungsZentrum Potsdam. Ziemlich einig sind sie sich aber darüber, dass die beiden

Drehbewegungen mit der Entstehung der Erde vor etwa 4,5 Milliarden Jahren zu tun haben.

Das Weltall bestand ursprünglich aus einer riesigen Wolke aus Gas und Staub. Die Temperatur in dieser Wolke war so kalt, dass sich kein einziges Teilchen bewegen konnte. Physikalisch-mikroskopisch gesehen ist Temperatur ja nur das Resultat der Bewegung der Atome und Moleküle, also der kleinsten Teilchen, aus denen alle Materie aufgebaut ist.

»Irgendwann wurde es ein ganz kleines bisschen wärmer, und schon bewegten sich die Teilchen in der Wolke hin und her«, holt Ossing weiter aus. »Die Wolke begann sich langsam um sich selbst zu drehen und zog sich dabei immer mehr zusammen. Und je mehr sich die Wolke zusammenzog, umso schneller rotierte sie – so wie eine Eiskunstläuferin, die beim Drehen einer Pirouette die Arme eng an ihren Körper legt.

Die Wolke wurde nicht nur schneller, sie wurde auch immer dichter und heißer – in ihrer Mitte entstand die Sonne. Am Rand der Wolke entstanden die Planeten, darunter die Erde, und alle Monde. Unser Sonnensystem war geboren, und alle Gestirne drehten sich weiter – bis auf den heutigen Tag.«

Die Drehung der kosmischen Wolke aus der Entstehungszeit hat sich auf die verschiedenen Drehbewegungen unseres Sonnensystems aufgeteilt: Die Sonne steht in der Mitte und dreht sich um sich selbst, die Planeten drehen sich um die Sonne und um ihre eigenen Achsen, die Monde drehen sich um die Planeten. Und auch unser ganzes Sonnensystem dreht sich um sich selbst. Und die Galaxie, in der sich unser Sonnensystem befindet, dreht sich ebenfalls.

Interessant ist, dass sich alles in unserem Sonnensystem in ein und dieselbe Richtung dreht – mit einer einzigen Ausnahme: Der Planet Venus dreht sich in die entgegengesetzte Richtung. Vermutlich ist sie irgendwann mit einem anderen Himmelskörper zusammengestoßen und hat durch diesen Aufprall ihre Drehbewegung um die Sonne geändert. (Zitiert nach www.wissenschaft-im-dialog.de)

Warum kann man den Mond manchmal auch tagsüber sehen?
Der Mond ist am Tag aus dem gleichen Grund sichtbar, der auch dafür verantwortlich ist, dass wir ihn nachts sehen: Er wird von der Sonne beschienen. Wann genau wir den Mond sehen und in welcher Form, hängt von der jeweiligen Mondphase ab, von der Position des Mondes zur Erde und zur Sonne.

»Der Mond umkreist die Erde innerhalb 27,3 Tagen. Bei Neumond steht er von uns aus gesehen in Richtung zur Sonne. Deshalb sehen wir seine Nachtseite, er geht mit der Sonne auf und unter – ist tags also nicht sichtbar«, erklärt Dr. Hans-Thomas Janka, Pressereferent am Max-Planck-Institut für Astrophysik in Garching. »Bei zunehmender Mondsichel geht der Mond nach der Sonne unter, und die Mondsichel wird in der Abenddämmerung sichtbar. Ab Mittag bis Mitternacht sieht man den Mond bei zunehmendem Halbmond. Der Vollmond ist die ganze Nacht sichtbar, der abnehmende Mond bleibt bis zum Mittag über dem Horizont.«

Wenn der Mond zwischen Erde und Sonne steht, wie das ein paar Tage vor Neumond der Fall ist, dann geht er erst in den frühen Morgenstunden auf und ist als Sichel in der Morgendämmerung zu sehen. Die ganze Nacht bleibt dann mondlos. Der frühe Tag nicht. (Zitiert nach www.wissenschaft-im-dialog.de)

Wieso landet man wieder an der gleichen Stelle, wenn man in einem fahrenden Zug hochspringt?

Der Grund liegt in der so genannten Trägheit – das ist ein physikalischer Begriff für den Widerstand, den ein Körper der Veränderung seines Bewegungszustands entgegensetzt.

Wenn wir in einem Zug oder einer Straßenbahn mitfahren, bewegen wir uns mit derselben Geschwindigkeit wie diese. Um diese Geschwindigkeit zu ändern, muss man Kraft ausüben. Durch das Hochspringen ergeben sich aber keine seitlichen Kräfte, sodass wir unser Tempo in Richtung des fahrenden Zugs beibehalten. Wenn auch der Zug unterdessen nicht schneller oder langsamer wird, kommen wir also wieder an derselben Stelle auf.

Stimmt es, dass am CERN in Genf streng geheime Forschungen mit todbringender Antimaterie betrieben werden?

Im europäischen Zentrum für Teilchenphysik (CERN = Conseil Européen pour la Recherche Nucléaire) in Genf wird der Kernforscher Leonardo Vetra auf grausame Weise ermordet. In seine Brust sind mysteriöse Schriftzeichen eingebrannt, die der Harvardprofessor und Experte für religiöse Ikonografie Robert Langdon als so genannte Ambigramme identifiziert – als geheime Botschaften, mit denen eine uralte und mächtige Verschwörergruppe namens »Illuminati« untereinander kommuniziert.

So beginnt die Handlung des Weltbestsellers *Illuminati* von Dan Brown. Im weiteren Verlauf findet Vetras Adoptivtochter Vittoria heraus, dass dem ermordeten Wissenschaftler ein Behälter mit Antimaterie entwendet worden ist. Anscheinend wollte der Atomphysiker mit dieser hochgefährlichen Substanz im Labor den Urknall simulieren. Und bald schon haben Langdon und Vittoria alle Hände voll zu tun, um zu verhindern, dass die Illuminaten während des Konklaves zur Wahl eines neuen Papstes die Antimaterie im Vatikan zur Explosion bringen und damit das Herz des Katholizismus vernichten.

Ein geheimnisumwittertes Forschungsinstitut, hochgefährliche mysteriöse Substanzen, fahrlässige Wissenschaftler – *Illuminati* hat so ziemlich alles, was einen guten Thriller ausmacht.

Fast alles, möchte man einschränken.

Denn wie ist es um die Faktizität derjenigen Passagen des Buches bestellt, die sich um Wissenschaft im Allgemeinen und das CERN im Besonderen ranken?

Geben wir zu dieser Frage einem Insider das Wort: Dr. Detlef Küchler arbeitet seit 1998 als Physiker in der Sektion für Hadronenquellen und Linearbeschleuniger des CERN. Er ist Spezialist für Ionenquellen.

Dan Browns Buch *Illuminati* und die literarische Verarbeitung der CERN-Projekte zogen ihn nach eigenem Bekunden zunächst nahezu »magisch« an, aber der Faszination folgte schnell die Ernüchterung. Jetzt nutzt er immer öfter die Gelegenheit, den realen Sachverhalt über das CERN zu verbreiten.

Und der stellt sich wie folgt dar:

Das CERN ist das europäische Kernforschungszentrum. Es befindet sich in Genf an der Grenze zwischen der Schweiz und Frankreich und wurde 1954 gegründet, um im Nachkriegseuropa eine Keimzelle der friedlichen Kooperation und der wissenschaftlichen Zusammenarbeit zu legen. 2004, zum fünfzigjährigen Bestehen, kamen am Tag der offenen Türen über 30000 Gäste aus weiten Teilen Europas, um einen Eindruck vom größten Beschleunigerlabor der Welt zu bekommen. Unter ihnen waren sicher auch einige, die

Dan Browns Buch gelesen hatten und nun vor Ort sehen wollten, was dran ist an der Geschichte von den *Illuminati*.

Der erste Unterschied zwischen Dichtung und Wahrheit, der sofort ins Auge fällt: Hier sind weder eine Glaskathedrale noch rote Ziegelsteinbauten zu finden. Die Gebäude des CERN wurden zu verschiedenen Zeitpunkten der 50-jährigen Geschichte gebaut, die meisten sind weiß und aus Beton.

Das CERN beschäftigt circa 2600 Mitarbeiter, und es halten sich beständig mehr als 6000 Gäste aus aller Welt in den Räumlichkeiten auf – nicht nur Physiker, sondern auch Informatiker, Ingenieure und Techniker. CERN-Mitarbeiter und -Gäste sehen nicht irgendwie besonders aus und machen auch keine irgendwie verrückten Sachen. Allerdings besteht durchaus die Möglichkeit, beim Mittagessen einem Nobelpreisträger über den Weg zu laufen.

Der Generaldirektor des CERN ist gegenwärtig Dr. Robert Aymar. Aber im Gegensatz zu seinem literarischen Pendant in Dan Browns *Illuminati* ist er Manager eines wissenschaftlichen Großunternehmens und handelt dementsprechend.

Viele der Beschäftigten arbeiten für das zurzeit größte Projekt am CERN – das LHC (Large Hadron Collider). Diese Maschine befindet sich 100 Meter unter der Erde und hat einen Umfang von 27 Kilometern. Sie soll 2007 in Betrieb gehen.

Jedoch nicht um Antimaterie zu produzieren, sondern um nach den noch fehlenden Bausteinen in den Modellen der Theoretiker zu suchen – dem Higgs-Boson und den leichtesten supersymmetrischen Teilchen sowie einem besonderen Zustand der Materie, dem Quark-Gluonen-Plasma, von dem man annimmt, dass es kurze Zeit nach dem Urknall existiert hat. Für diese Experimente werden Protonen beziehungsweise Bleikerne mit Energien von einigen Teraelektronenvolt im LHC kollidieren, und vier riesige Detektoren werden die entstehenden Teilchenspuren für die spätere Auswertung aufzeichnen.

Für den Betrieb der Anlage sind viele Spezialisten notwendig, einer allein (wie der Kernforscher Leonardo Vetra in *Illuminati)* kann diese große Maschine nicht bedienen. Außerdem ist der Aufenthalt während des Betriebs an der Maschine aufgrund technischer und strahlentechnischer Überlegungen nicht gestattet.

Für die Untersuchungen von Antimaterie gibt es eine spezielle Maschine: den Antiprotonen-Decelerator (AD). Hier werden pro Jahr etwa eine Million Millionen Antiprotonen »hergestellt«. Um ein Gramm Antiprotonen zu erzeugen, müsste indes die Ausbeute von eintausend Milliarden Jahren gesammelt werden. Eine sichtbare Menge, wie sie in *Illuminati* beschrieben wird, ist also so ohne weiteres gar nicht herstellbar. Für die Experimente am AD reichen die zur Verfügung stehenden Mengen Antimaterie jedoch aus. Die Forscher suchen dabei unter anderem nach der Asymmetrie zwischen Materie und Antimaterie.

Antimaterie annihiliert mit Materie. Es findet dabei eine vollständige Umwandlung von Masse in Energie statt. Aus geringen Mengen Antimaterie könnte man so gewaltige Mengen Energie bei einem Wirkungsgrad von 100 Prozent gewinnen. Aber die Herstellung der Antimaterie ist äußerst ineffizient und verschlingt viel größere Energiemengen.

Um die sofortige Annihilation zu verhindern, werden die am AD erzeugten Antiprotonen in Ionenfallen eingefangen. In diesen Fallen muss ein sehr gutes Vakuum herrschen, um die Wechselwirkung mit dem Restgas zu minimieren, da jede Wechselwirkung den Verlust der Antiprotonen durch Annihilation bedeutet.

Da ein absolutes Vakuum nicht erzeugbar ist, ist die Lebensdauer in der Ionenfalle begrenzt. Die für die elektromagnetischen Felder der Falle notwendigen Stromversorgungsgeräte, die Falle selbst und deren Vakuumsystem können nicht – wie im Buch geschildert – in einem tragbaren Gerät vereinigt werden, und somit ist es unmöglich, Antimaterie in großen Mengen zu stehlen.

Das CERN hat neben diesen grundlegenden Arbeiten auch Ergebnisse vorzuweisen, die das tägliche Leben betreffen. Der britische Informatiker Tim Berners-Lee entwickelte hier die Grundlagen für das World Wide Web. Gegenwärtig wird hier auch am Nachfolger des WWW, dem Grid (»intelligentes«, superschnelles Internet) gearbeitet. Die Entwicklung der Detektoren für die Großexperimente kann als Ergebnis Detektorkristalle vorweisen, die auch in der medizinischen Diagnostik eingesetzt werden. Aber ein eigenes Fluggerät wie die X33 in *Illuminati* besitzt das CERN nicht.

Aufgrund der vielen Anfragen bezüglich der im Roman aufgestellten Behauptungen hat die Pressestelle des CERN übrigens eine eigene Webseite dafür eingerichtet: http://public.web.cern.ch/Public/Content/Chapters/Spotlight/SpotlightAandD-en.html.

Warum hat ein Stativ drei Beine?

Gegenfrage: Warum wackeln Tische oder Stühle trotz ihrer vier Beine so oft – besonders wenn sie uneben stehen?

Eben.

Tatsächlich steht ein dreibeiniges Stativ (oder eine Staffelei) auch auf einem noch so krummen, schiefen oder buckeligen Untergrund völlig sicher. Der Grund hierfür ist ein mathematischer: »Eine Ebene wird durch drei verschiedene

Punkte, die nicht auf einer Linie liegen, eindeutig beschrieben«, lautet der entsprechende Lehrsatz.

Was kann man sich darunter vorstellen? Gehen wir der Reihe nach:

- Ein einzelner Punkt ist ein Etwas ohne Ausdehnung.
- Zwei Punkte ergeben eine Linie.
- Zeichnet man drei auseinanderliegende Punkte auf ein Blatt Papier, verbindet sie miteinander und malt das Verbundene innen farbig aus, kommt ein flächiges Konstrukt dabei heraus, eben eine Ebene (natürlich nur dann, wenn die drei Punkte nicht auf einer Geraden liegen).
- Gesellt sich ein weiterer Punkt hinzu, bekommen wir etwas Räumliches, allerdings nur, wenn der vierte Punkt nicht in der Ebene der ersten drei liegt – sonst hätten wir immer noch bloß eine Ebene mit einem Punkt drinnen.

Wer's lieber praktisch mag und ausprobieren möchte: Nehmen Sie einen Bleistift, halten Sie ihn senkrecht in die Höhe, und balancieren Sie eine Postkarte auf der Spitze. Sie können die Karte nach allen Seiten drehen und kippen – was in der Sprache der Mathematiker bedeutet, »unendlich viele Ebenen durch den Punkt gehen« zu lassen (der Punkt = die Bleistiftspitze).

Nehmen Sie nun zwei spitze Bleistifte. Jetzt können Sie immer noch unendlich viele Ebenen bilden, aber die Postkarte nicht mehr nach allen Seiten kippen, sondern nur noch über die Kante.

Wenn Sie sich schlussendlich drei spitze Bleistifte vorstellen, liegt die Postkarte stabil auf diesen drei Punkten. Bedeutet: Die Ebene ist »eindeutig festgelegt«.

Ein vierter Bleistift ist dafür nicht notwendig, drei Punkte reichen immer aus, um eine Ebene zu bilden.

Auf unsere Ausgangsfrage übertragen bedeutet das: Ein dreibeiniges Foto-, Vermessungs- oder Teleskopstativ kann man immer stabil positionieren, weil die drei Beine eine Ebene – in diesem konkreten Fall den Boden – beschreiben.

Ein vierbeiniger Tisch dagegen kann durchaus wackeln, weil vier Punkte in einer Ebene liegen können – müssen aber nicht.

Um bei dem Beispiel mit der Postkarte zu bleiben: Ein vierter Bleistift kann dazu beitragen, die Karte sicher zu balancieren. Wird er aber an der falschen Stelle angesetzt, macht er den ganzen Vorgang eher instabiler.

Wieso heult der Wind?

Knarrende Dielen, quietschende Türen und wabernder Nebel gehören zu den unverzichtbaren Standardzutaten des Schauerkinos – und natürlich Wind, der nächtens drohend und unheilkündend um abgelegene Spukschlösser heult.

Aber was »heult« da eigentlich?

Der Wind weht an Hindernissen vorbei, etwa an einer Hauskante. Und wenn ein Festkörper umströmt wird, entstehen an der Rückseite dieser Hindernisse Wirbel – das ist im Wasser genauso, dort kann man diesen Vorgang manchmal auch beobachten, etwa an einem großen Stein in einem schnell fließenden Bach.

Im Wasser wie in der Luft rotieren diese Wirbel vom jeweiligen Hindernis weg. Sie lösen sich – um bei diesem Beispiel zu bleiben – von der Mauer ab und diese Turbulenzen versetzen die umgebenden Luftmoleküle in Schwingungen, erzeugen also Schallwellen. Und das wiederum ist das heulende oder pfeifende Geräusch des Windes.

Derselbe Effekt entsteht, wenn man ein Jojo (oder ein Seil mit einem Gewicht dran) sehr schnell kreisen lässt. Der pfeifende Ton, der dabei entsteht, wird umso höher und schriller, je schneller das Seil rotiert.

Besonders schön-schaurig heult der Wind zwischen zwei Hauswänden hindurch oder allgemein durch eine Öffnung/einen Hohlraum (etwa in der Wand), weil die Bewegung der Luftmoleküle zu so genannten stehenden Wellen führt, bei denen sich die Schwingung selbst verstärkt – so ähnlich wie wenn man in der Badewanne durch kleine Handbewegungen das ganze Wasser zum Schwappen bringt.

Auch dieses spezielle Heulen kann man selbst anschaulich erzeugen: Blasen Sie ganz einfach kräftig über einen Flaschenhals. Die dabei entstehende Schallwelle geht in die Flasche hinein, wird am Boden zurückgeworfen, bekommt oben im engen Flaschenhals einen erneuten Stups und wird auf die Weise immer stärker.

Stimmt es, dass Kondensstreifen schlechtes Wetter verheißen?

Wenn sie sich nicht rasch auflösen, sondern stundenlang am Himmel verharren: ja.

Denn Kondensstreifen sind nicht wirklich die Abgase von Flugzeugen – es handelt sich vielmehr um den (normalerweise unsichtbaren, weil gasförmigen) Wasserdampf in der Atmosphäre, der an Rußpartikeln aus den Düsentriebwerken festklebt und kondensiert, also flüssig wird, in Form von Wassertröpfchen.

Somit sind Kondensstreifen ein zuverlässiger Indikator für die Luftfeuchtigkeit in großer Höhe: Wenn sich gar keine Kondensstreifen bilden oder nur kurz zu sehen sind, ist die Luft »trocken«, das heißt, sie hat nur eine geringe Luftfeuchtigkeit beziehungsweise einen geringen Wasserdampfgehalt.

Breite und beständige Kondensstreifen dagegen zeigen an, dass die Luft mit Wasserdampf übersättigt ist, sich also viele Wassertröpfchen in der Luft befinden. Und das wiederum bedeutet: Auch wenn außer den Kondensstreifen noch keine Wolken zu sehen sind, ist es sehr wahrscheinlich, dass sich in den nächsten Stunden Regenwolken bilden.

Stimmt es, dass man die Evolutionstheorie nicht beweisen kann?

Mit dieser Frage sind wir beim wohl heißesten Thema dieses Buches angelangt – denn sie berührt unmittelbar einen Streit, der auch in Deutschland stetig an Schärfe zunimmt: Kreationismus gegen Evolution.

Kreationismus (vom lateinischen »creare« = erschaffen) ist der wort- und buchstabengetreue Glaube an den biblischen Schöpfungsbericht im ersten Buch Moses, die Genesis. Danach ist die Erde nur ungefähr 6000 Jahre alt und alles Leben auf der Welt wurde innerhalb von sechs Tagen von Gott geschaffen.

Demgegenüber gehen Geologie, Paläontologie und die Biowissenschaften davon aus, dass die Erde vor etwa 4,5 Milliarden Jahren entstanden ist und dass das Leben auf unserem Planeten vor mindestens 2,5 Milliarden Jahren begonnen hat. Von diesen 2,5 Milliarden Jahren (eine eher konservative Schätzung, es spricht vieles für 3,5 Milliarden Jahre) gehörte die Erde für 2 Milliarden Jahre ausschließlich den Mikroorganismen, den Vorläufern der heutigen Bakterien. Durch ihre ernormen Stoffwechselaktivitäten wurde die Erde schließlich für höhere Organismen bewohnbar gemacht.

Mittlerweile hat der Kreationismus selbst eine Art Evolution durchlaufen und präsentiert sich heute in einer akademisierten Variante, die sich »Intelligent Design« (ID) nennt. Die Intelligent-Design-Anhänger fordern keine direkte biblische Auslegung der Biologie oder Evolution mehr, sondern argumentieren, dass die Welt um uns herum so komplex ist, dass sie mit den Prinzipien der darwinschen Evolutionstheorie (wie etwa Mutation und Selektion) nicht erklärbar sei.

Ihr Ziel ist es, mit wissenschaftlichen Mitteln zu zeigen, dass für die Entstehung und Entwicklung der Lebewesen ein »intelligenter Designer« verantwortlich sein muss – eine wie auch immer gedachte Schöpfergestalt, für die der Begriff »Gott« sorgsam vermieden wird, um die rein religiöse Motivation der ID-Bewegung so weit als möglich zu verschleiern.

Vor allem in den USA sind Kreationisten und ID-Anhänger erstaunlich erfolgreich. Möglicherweise deswegen, weil viele sich nicht vorstellen können oder wollen, dass die Menschen – und damit natürlich auch sie selbst – zufällig und ohne Einwirkung einer höheren Macht entstanden sind.

Auch in Deutschland stimmen nach einer Forsa-Umfrage vom Herbst 2005 mehr als 25 Prozent der Bevölkerung der Auffassung des Intelligent Design zu, lehnen also die Evolutionstheorie ab.

Die Konfessionslosen sind hier lediglich mit 11 Prozent vertreten, Katholiken aber mit 45,7 Prozent und Protestanten mit 37,6 Prozent. Als »Intelligent Design« wurde bei der Umfrage verstanden: »Das Leben auf der Erde wurde von einem höheren Wesen beziehungsweise von Gott erschaffen, durchlief aber einen langwierigen Entwicklungsprozess, der von dem höheren Wesen/von Gott gesteuert wurde.«

Ohne tiefer in die komplizierten (und ganze Bücher füllenden) Verästelungen der Auseinandersetzung zwischen naturalistischer Wissenschaft und Intelligent Design vorzudringen, wollen wir an dieser Stelle doch ein Standardargument der Kreationisten näher beleuchten: Die Evolution sei doch »nur« eine Theorie – und also keine Tatsache, sondern unsicher, zweifelhaft und schon gar nicht beweisbar.

Nun mag man sich umgangssprachlich unter einer Theorie eine Art Luftgebäude aus bloßen Behauptungen und Vermutungen vorstellen; in der Wissenschaft ist dem aber durchaus nicht so.

»Auch die Relativität, wie sie Albert Einstein beschrieben hat, ist nur eine Theorie. Die Vorstellung, dass sich die Erde um die Sonne dreht, ist eine Theorie. Die Kontinentalverschiebung ist eine Theorie«, erklärt das *National Geographic*-Magazin. »Die Atomtheorie beschreibt Existenz, Struktur und Dynamik von Atomen. Elektrizität ist ein theoretisches Konstrukt, in dem es um winzige Einheiten geladener Masse geht, die kein Mensch je gesehen hat. Jede dieser Theorien stellt eine Erklärung dar, die durch Beobachtungen und Experimente so weit bewiesen ist, dass Experten sie als Tatsache akzeptieren …

Das meinen Wissenschaftler, wenn sie von einer Theorie reden: Sie ist keine spekulative Überlegung, sondern ein gut begründetes System von Aussagen, das uns die Welt und ihre Erscheinungen logisch erklärt. Im Vertrauen darauf stöpseln wir das Kabel des Fernsehers in die Steckdose – und die Elektrizität liefert uns Bilder.«

Nehmen wir ein anderes Alltagsbeispiel: Die Gravitation ist ebenfalls eine wissenschaftliche Theorie. Jeder Apfel, der von einem Baum nach unten fällt, stützt die Theorie.

Das bedeutet nun nicht zwingend, dass nicht irgendwann einmal ein Apfel nach oben fallen kann – es ist nur sehr unwahrscheinlich, dass das je passieren wird.

Findet ein solches Ereignis aber tatsächlich statt, ist die

Theorie der Gravitation widerlegt. Solange dies nicht beobachtet wird, stimmt die Theorie der Gravitation.

In diesem Sinne ist die Theorie der Evolution »richtig«, weil alles, was Fachwissenschaften wie Anatomie, Zellbiologie, Biochemie, Verhaltensforschung, Ökologie etc. in diesem Umfeld beobachten, im Einklang mit der Theorie steht.

Anders gesagt: Die Evolutionstheorie liefert im Rahmen unserer bisherigen Erkenntnisse ein belegtes (»richtiges«) Abbild der Natur – unbenommen der Möglichkeit, dass morgen ein Befund oder Ereignis neue Fakten schafft, die die Theorie stürzen.

Bei der Evolutionstheorie kommt noch eine Besonderheit hinzu: Dass Evolution stattgefunden hat und weiter stattfindet, ist eine wissenschaftliche Tatsache und kann beispielsweise an Bakterien beobachtet werden, die immun gegen Antibiotika geworden sind. Nur der Mechanismus, aufgrund dessen dies geschah, ist theoretischer Natur und auch unter Experten heftig umstritten.

Charles Darwin selbst betonte stets den Unterschied zwischen seinen beiden großen Errungenschaften: der Etablierung der Tatsache der Evolution einerseits und andererseits der Entwicklung einer Theorie, um den Mechanismus der Evolution zu erklären.

Darwins Theorie »über den Ursprung der Arten durch Mittel der natürlichen Selektion« löste eine sehr produktive Diskussion aus.

Kreationisten, die das Wort »unsicher« mit »unwissenschaftlich« verwechseln, betrachten die Debatte zwischen Evolutionsbiologen als Zeichen der Schwäche. Wissenschaftler dagegen sehen diese Unsicherheit schlicht als unvermeidliches Element wissenschaftlichen Vorgehens und die Debatten über fundamentale theoretische Aspekte als positiv und anregend.

Wissenschaft, sagte der bekannte amerikanische Paläontologe, Geologe und Evolutionsforscher Stephen Jay Gould, »macht dann am meisten Spaß, wenn sie mit interessanten Ideen spielt, ihre Implikationen untersucht und erkennt, dass altbekanntes Wissen in überraschend neuer Weise erklärt werden kann« (siehe *www.skeptischeecke.de*).

Daher sei trotz der ganzen Diskussion über die Evolutionsmechanismen kein Biologe auf die Idee gekommen, an der Evolution an sich zu zweifeln. »Wir reden darüber, wie es abgelaufen ist«, meinte Gould kurz vor seinem Tod 2002 (siehe *www.skeptischeecke.de*).

Darüber hinaus wies Gould umgekehrt auch auf das prinzipielle Problem des Intelligent Design hin: Die Konzeption des Kreationismus sei nämlich ein gutes Beispiel für eine nichtwissenschaftliche Theorie, da sie im Gegensatz zu einer wissenschaftlichen Theorie grundsätzlich nicht falsifiziert – also widerlegt – werden kann. Denn mit einer Schöpfungsvorstellung lässt sich jede beliebige Welt immer in Einklang bringen: Der Schöpfer hat sie eben so gemacht.

»Ich kann mir Beobachtungen und Experimente vorstellen, die jede mir bekannte Evolutionstheorie widerlegen würden«, schrieb Gould. »Aber ich kann mir nicht vorstellen, welche Ergebnisse einen Kreationisten dazu bringen könnten, seinen Glauben aufzugeben.« (Siehe *www.skeptischeecke.de*)

Viel kürzer brachte der Humanwissenschaftler Ashley Montagu den Streit zwischen Kreationisten und Evolutionsbiologen auf den Punkt: »Die Wissenschaft hat Beweise ohne Sicherheit, der Kreationismus hat Sicherheit ohne Beweise.« (Siehe *www.skeptischeecke.de*)

Hat Wasser ein Gedächtnis?

Die Debatte um das »Wassergedächtnis« begann 1988 mit einer ungewöhnlichen Veröffentlichung in der renommierten Fachzeitschrift *Nature*, die sogleich in der französischen Tageszeitung *Le Monde* unter dem Titel »Les fondements de la physique bouleversés« Schlagzeilen machte, zu Deutsch etwa: »Grundfesten der Physik erschüttert!«

Der Immunologe Jacques Benvéniste berichtete, er habe den seit langem – unter anderem von den Homöopathen – gesuchten Mechanismus entdeckt, der die mysteriöse Heilwirkung von Substanzen erklärt, die derart in Wasser verdünnt werden, dass sich kein einziges Molekül Wirkstoff mehr darin befindet.

Benvéniste behauptete weiter, er könne dieses unerklärliche Phänomen in einem Versuch demonstrieren, der beweise, dass das für die Verdünnung verwendete Wasser sich an die Substanz »erinnere«, auch wenn diese selbst verschwunden sei.

Als Gegenleistung für die Veröffentlichung in *Nature* willigte der Arzt und Biologe in eine ungewöhnliche Verifikation ein, die die prestigeträchtige Zeitschrift in Gegenwart des berühmten US-amerikanischen Illusionisten James Randi organisierte – eines ausgewiesenen Skeptikers und Spezialisten für Täuschungsverfahren jedweder Art.

Der *Nature*-Chefredakteur John Maddox reiste mit dem Zauberkünstler James Randi und dem Fälschungsexperten Walter Stewart nach Paris, um die Experimente zu überprüfen. Für Benvéniste geriet die Sache zum Fiasko. Das Trio förderte zahlreiche Ungereimtheiten in der Führung der Laborbücher zutage und kam zu dem Urteil, dass »die Art und Weise, wie die beschriebenen Versuche ausgeführt wurden«, die außergewöhnlichen Schlussfolgerungen nicht zulasse.

Bis zu seinem Tod 2004 blieb Benvéniste seiner Überzeugung treu, Wasser könne wie eine Art Tonband die Information von Molekülen einer nicht mehr vorhandenen Wirksubstanz speichern – obwohl die »Scientific Community« längst geschlossen von ihm abgerückt war. Andererseits konnte dem Franzosen nie eindeutig Betrug nachgewiesen werden.

Und so wird »die Debatte um das Wassergedächtnis vermutlich noch ewig weitergehen«, argwöhnt *Die Zeit:* »Die Befürworter werden stets neue Ergebnisse präsentieren, die von den Skeptikern ebenso regelmäßig angezweifelt werden.«

Wasser besteht aus einem ungeordneten Netzwerk von Molekülen, das durch schwache chemische Bindungen (so genannte Wasserstoffbrücken) zusammengehalten wird. Dieses Netzwerk unterliegt ständigen Fluktuationen, das heißt, die Anordnung der Wassermoleküle und ihre Wechselwirkung ändern sich ständig. Dabei werden Wasserstoffbrücken immer wieder gebrochen und neu geformt. Trotz intensiver Forschung ist die strukturelle Dynamik des Wassers erst in Ansätzen bekannt.

Einem Team des Max-Born-Instituts in Berlin-Adlershof und der University of Toronto gelang es 2005 erstmals, die Fluktuationen in der Struktur von flüssigem Wasser nachzumessen. Die Wissenschaftler nutzten dazu neue Methoden der Femtosekunden-Schwingungsspektroskopie.

Nach diesen neuesten Erkenntnissen geht in dem fluktuierenden Netzwerk gekoppelter Wassermoleküle das strukturelle Gedächtnis innerhalb von 50 Femtosekunden verloren, schneller als in jeder anderen Flüssigkeit. Eine Femtosekunde ist ein Millionstel einer Milliardstelsekunde.

Wasser hat also allenfalls, gelinde ausgedrückt, ein Ultrakurzzeitgedächtnis.

Wieso ist Eis bei Temperaturen knapp um den Gefrierpunkt am glattesten?

Weil wir genaugenommen nicht auf dem Eis rutschen, sondern auf einem hauchdünnen Wasserfilm zwischen der Eisoberfläche und unserem Fuß/Autoreifen/Schlittschuh etc.

Denn durch den ausgeübten Druck schmilzt das Eis ein wenig. Die so spontan entstehende unsichtbare Wasserlache reduziert beträchtlich die Reibung, wirkt also wie Schmierseife – und wir geraten ins Rutschen oder Gleiten.

Je wärmer es ist, desto leichter schmilzt das Eis, und umso glatter ist es auch.

Nachdem der Fuß/Reifen/Schlittschuh die Stelle verlassen hat, gefriert das geschmolzene Wasser sofort wieder auf dem kalten Eis an.

Wieso haben wir bei manchen Gemälden das Gefühl, dass die gemalte Figur uns bei jeder Bewegung mit ihren Blicken folgt?

Richtig unheimlich: Allein geht man in der düster ausgeleuchteten Galerie eines kleinen Museums umher – und bei jedem Schritt scheinen die auf den Gemälden dargestellten Personen einem mit den Augen zu folgen. Fast wie in den alten Edgar-Wallace-Filmen, wo irgendein Finsterling seine Opfer durch ein ausgeschnittenes Loch in den Augen eines alten Porträts an der Wand beobachtet.

Doch eine einschüchternde Umgebung ist für das seltsame Phänomen nicht einmal notwendig, wie der Autor dieses Buches während seiner Jugendjahre an einem großformatigen Poster der Hardrocksängerin Lee Aaron in seinem Zimmer täglich studieren konnte.

Das ganze Geheimnis ist: Die gemalte oder fotografierte Person muss geradeaus schauen. Das konnten anno 2004

Psychologen der Ohio State University in Columbus (USA) auch wissenschaftlich belegen.

Klar: Egal aus welchem Blickwinkel ein Bild betrachtet wird – das zweidimensionale Bild bleibt stets dasselbe. Licht und Schatten, perspektivisch ferne und nahe Punkte ändern sich nicht. Und wenn »eine Person in einem Gemälde geradeaus schaut, wird sie immer so aussehen, unabhängig von dem Winkel, aus dem sie betrachtet wird«, erklärte der Psychologieprofessor James T. Todd. Trotzdem werde die Wahrnehmung genauso interpretiert, als ob es sich um ein reales Objekt handeln würde. »Darum scheinen die Augen einem zu folgen, wenn man den Blickwinkel verändert.«

Zur Verdeutlichung sei kurz das Experiment geschildert, das Todd und seine Kollegen durchführten: Sie betrachteten ein Bild auf einem Computerbildschirm aus verschiedenen Perspektiven. Die Abbildung zeigte die Schwarzweißaufnahme einer medizinischen Torsoskulptur, die in einem reich verzierten Goldrahmen vor einer Backsteinwand zu hängen schien. Die Psychologen interessierten sich insbesondere dafür, ob die perspektivische Lage bestimmter Bildpunkte relativ zu anderen Nachbarpunkten gleich bleiben würde, wenn sich der Blickwinkel verändert. Außerdem wollten sie bestimmen, ob die Wahrnehmung der Tiefe in unterschiedlichen Bereichen des Bildes vom Blickwinkel beeinflusst wird.

»Es stellte sich heraus, dass eine Veränderung der Blickrichtung einen bemerkenswert geringen Effekt auf die Wahrnehmung des Betrachters hatte«, sagte Todd später (zitiert nach www.wissenschaft.de). Weiter entfernte und nähere Bildpunkte und das gesamte Relief des Objekts blieben im Verhältnis zueinander gleich. Dass der Torso aus flacheren Blickwinkeln ein wenig gequetscht aussah, war der einzige Unterschied, den die Forscher feststellen konnten.

Tierisches

Wieso sind Katzen wasserscheu?

Sind sie es überhaupt?

Es kommt darauf an – auf die Katzenart nämlich.

Generell kann man sagen: Katzen in tropisch-heißen Gefilden schwimmen und plantschen sehr gern, etwa Tiger, Löwen, Ozelots, Jaguare.

In Südostasien lebt sogar die Fischkatze (Gattungsname: Prionailurus viverrinus), die nach Fischen, Krebsen und Wasserschnecken taucht.

Schneeleoparden, Luchse und Pumas in kälteren Lebensräumen meiden Wasser, da Nässe die Kälteisolierung des Fells beeinträchtigt.

Und Hauskatzen?

Auch unsere Stubentiger sind nicht samt und sonders wasserscheu. Manche Katzen spielen hingebungsvoll mit einem tropfenden Wasserhahn, fischen im Gartenteich oder vergnügen sich in Pfützen.

Zitat aus einem »Samtpfoten-Forum« im Internet:

»Unsere Katzen gucken uns liebend gerne beim Baden zu.

Ein Kater sitzt auch immer, wenn die Spülmaschine läuft, am Abfluss in der Küche und hört sich das Gurgeln des ablaufenden Wassers an. Außerdem genießt er es, dass es dann auf der Maschine schön warm ist.

Im Sommer haben alle unsere Katzen Interesse am Planschbecken gehabt und sind auf dem Rand herumspaziert.

Wenn der Wasserschlauch lief, haben sie alles beobachtet und daran getrunken. Je nach Hitze haben sie sich sogar in kleine Pfützen gelegt. Also können sie sooo wasserscheu wohl nicht sein.«

Doch die Zu- beziehungsweise Abneigung gegenüber dem feuchten Element ist von Katze zu Katze sehr unterschiedlich ausgeprägt. Möglicherweise hängt das von ihren Vorerfahrungen ab. Denn Katzen mögen es überhaupt nicht, zwangsweise nass zu werden – also etwa gebadet oder nassgespritzt zu werden.

Katzen entdecken und erkunden ihre Welt am liebsten selbst. Dazu noch ein »Samtpfoten«-Erlebnisbericht:

»Dusche – ja, ja, ein Traum für John, unseren Kater. Ich schiebe den Duschvorhang ein wenig zur Seite, und er kommt angeflitzt. Er setzt sich oben auf den Badewannenrand und schaut zu. Einmal jedoch, als ich nicht geduscht, sondern ein Vollbad genommen habe, ist er auch oben gesessen. Dann ein plötzliches Geräusch, und er ist reingefallen!

So schnell habe ich gar nicht schauen können, da war er wieder draußen und ich ziemlich zerkratzt ... Dann ist ein nasser Kater durch die Wohnung gerannt und ich mit einem Handtuch hinterher ... Seitdem sitzt er nur noch beim Duschen oben.«

Was Kater John am unfreiwilligen Nasswerden gestört hat, war möglicherweise die Tatsache, dass sein Fell sich schnell mit Wasser vollsaugt, dadurch schwerer wird und er nicht mehr so behände flüchten kann. Oder aber er scheut den Aufwand, sich anschließend wieder gründlich am ganzen Körper putzen zu müssen.

Vielleicht liegt's auch einfach in den Genen: Mit ziemlicher Sicherheit stammt unsere Hauskatze nicht von der europäischen Wildkatze ab, sondern ihr Vorfahr ist die nordafrikanische Falbkatze, die vor allem in Ägypten lebte. Und dort war das Wasser eher knapp – abgesehen von der jährlichen Überschwemmung des Nils.

Das würde zugleich auch erklären, wieso Katzen – obwohl im Allgemeinen eher wasserscheu – Fisch mögen. Denn den gab es in satten Mengen, wenn die Fluten sich wieder zurückgezogen hatten.

Wieso kleben Spinnen nicht an ihrem eigenen Netz fest?

Das Geheimnis des Spinnennetzes ist: Nicht alle Fäden sind klebrig – und die Spinne krabbelt nur auf bestimmten Fäden herum.

Nicht erst seit der gruseligen Novelle *Die schwarze Spinne,* die der Schweizer Theologe Jeremias Gotthelf 1843 verfasste, gelten Spinnen als die Ekeltiere Nummer eins. Der Schriftsteller und Pfarrer beschreibt in diesem Klassiker der deutschsprachigen Literatur die titelgebende »schwarze Spinne« als apokalyptisches Wesen, Folge eines Teufelspakts, den die Bewohner des Schweizer Emmentals eingehen.

Schon ihr Äußeres ist scheußlich: Sie ist groß und schwarz, mit kurzen Borsten behaart, auf dem Rücken hat sie glänzende Punkte und Streifen, und aus ihren Augen blitzt es giftig und sprühend.

Dabei sind nur 0,1 Prozent der 35 000 Spinnenarten auf der Welt tatsächlich giftig. Woher also kommt die Angst vor Spinnen, die sogar in Horrorfilmen wie *Arachnophobia* ausgeschlachtet wird?

»Es ist zum einen das Aussehen der Tiere, das Ängste erzeugt«, erklärt der Autor und Geologe Dr. Alexander Stahr im Wissenschaftsmagazin der Techniker Krankenkasse *TK-Logo*. Je mehr ein Tier vom Körperschema des Menschen abweiche, desto eher erzeuge es Angst. Aber auch das Verhalten der Spinnen mache Angst: »Spinnen können unvermittelt, urplötzlich und scheinbar ohne Vorwarnung nahe am Körper auftreten und erzeugen somit eher Angstreaktionen als große Tiere, die man schon von weitem sehen kann.«

Darüber hinaus machen auch die als schnell empfundenen Bewegungen der Spinnen Angst. Dabei sei es so, dass die Beurteilung der Schnelligkeit immer im Verhältnis zur Körpergröße eines Tieres erfolgte. Stahr: »Eine Kuh ist viel schneller als eine Ameise – objektiv gesehen. Aber vom eigenen Eindruck her ist es genau umgekehrt.«

Warum nur manche Menschen Angst vor Spinnen haben, erklärt der Wissenschaftler so: »Da gibt es die Erklärung, dass dies mit einem besonders schlimmen Erlebnis mit dem Tier zusammenhängt. Tatsächlich kann aber nur die Hälfte der Betroffenen über solch ein Erlebnis berichten.

Daher scheint auch das Vorbild der Eltern wichtig zu sein. Untersuchungen haben tatsächlich eine familiäre Häufung von Arachnophobie festgestellt. Wenn die Mutter Angst vor Spinnen hat, dann hat man gute Chancen, diese auch zu entwickeln. Wenn der Vater Angst hat, stehen die Chancen noch besser. Der starke Papa hat Angst vor Spinnen, also müssen sie gefährlich sein.«

Sind sie aber nicht, im Gegenteil.

Spinnen sind faszinierende Tiere (und übrigens keine Insekten, sondern eben »Spinnentiere«!). So faszinierend, dass wir – um zurück zu unserer Ausgangsfrage zu kommen – eine Anregung zur Selbstbeobachtung aus der »Junior«-Rubrik des Magazins *Natur & Kosmos* weitergeben möchten:

»Wenn du eine Spinne beim Netzbau beobachten willst, dann besorge dir einen alten Schuhkarton und richte es der Spinne dort gemütlich ein. Spinnen mögen es, wenn in einer Ecke ein Blatt feuchtes Papier liegt und in einer anderen Ecke ein Stück Schnur. Einige Zweige und etwas Sand sind auch nicht schlecht.

Nun brauchst du nur noch eine Spinne zu fangen. Sei dabei aber ganz vorsichtig, damit du sie nicht verletzt. Wenn du dich traust, fang sie in die hohle Hand. Hast du Angst vor dem Krabbeltier, nimmst du am besten ein Glas und stülpst es über die Spinne. Dann schiebst du ein Stück Pappe, zum Beispiel eine Postkarte, unter das Glas und drehst es wieder um. Die Spinne setzt du in deinen Schuhkarton. Über den Karton ziehst du Plastikfolie und klebst sie an den Seiten mit Klebefilm fest. In die Folie stichst du kleine Löcher, denn die Spinne braucht Luft zum Atmen.

Jetzt brauchst du ein wenig Geduld. Die Spinne findet es so gemütlich in deinem Karton, dass sie sich ihr eigenes Netz spinnt. Damit sie nicht hungern muss, solltest du ihr ein paar Fliegen und Mücken fangen. Denn eigentlich baut sie ihr Netz ja dafür, dass sich Insekten darin verheddern. Nach einigen Tagen musst du dein ›Haustier‹ aber wieder freilassen.« (Zitiert nach www.natur.de)

Was gibt es dabei zu sehen?

Unter anderem die Lösung unseres Alltagsrätsels, warum die Spinne nicht im eigenen Netz kleben bleibt.

Im Zeitraffer: Die Spinne spannt zunächst einen Querfaden zwischen zwei erhöhten Punkten (etwa zwischen zwei Pflanzenstängeln) und strafft diesen – so ähnlich wie ein Hochseil im Zirkus. Dann spannt sie parallel dazu noch einen zweiten Faden, von dem sie sich dann etwa in der Mitte nach unten abseilt.

Wenn sie unten angekommen ist, zieht sie den (dritten) Faden, an dem sie gerade heruntergeklettert ist, ebenfalls straff. Da dieser Faden noch mit dem zweiten Faden in der Luft verbunden ist, entsteht ein Dreieck: Die längste Seite des Dreiecks ist der erste Faden, die beiden anderen Seiten werden von dem zweiten Faden gebildet, den die Spinne mittels des dritten (Abseil-)Fadens kräftig nach unten zieht.

Dieses Gebilde ist das Grundgerüst des Spinnennetzes, um das das Krabbeltier nun noch einen Rahmen spinnt und als nächstes Speichen einbaut. Hierzu befestigt die Spinne einen losen Faden in der Netzmitte, läuft damit entlang den schon vorhandenen Speichen zur Mitte der gegenüberliegenden Seite, zieht ihn straff und befestigt ihn dort.

Dann werden zwischen den Speichen noch Querverbindungen eingewoben. Im Zentrum beginnend, zieht die Spinne spiralförmig einen trockenen Faden zwischen den Speichen hindurch nach außen. Ist die Spinne außen angelangt, kehrt sie um und baut aus dünnen, kreisförmig verlaufenden Spinnfäden eine Spirale – das eigentliche Fangnetz. Und nur für diese Fangspirale im Zentrum des Netzes verwendet die Spinne proteinhaltige Klebfäden, die über winzig kleine Leimtröpfchen verfügen, an denen die Beute hängen bleibt.

Das Gerüst des Netzes, also die Brücken-, Rahmen- und Speichenfäden, ist nicht klebrig. Auf diesen Fäden kann sich die Spinne über das gesamte Netz bewegen, ohne hängen zu bleiben.

Allerdings landen die Insekten nicht immer so exakt im Netz, dass die Spinne sie über die nicht klebenden Fäden erreichen kann. Dann muss sie auch über die haftende Fangspirale laufen. Das schafft sie aufgrund ihrer Haken, Borsten und Klauen an den Füßen, die sicherstellen, dass die Spinne die Fangspirale nur minimal berührt – also gar nicht richtig drauftritt.

Forscher vermuten inzwischen sogar, dass Spinnen bei ihrer täglichen Reinigung eine ölige Substanz auf ihre Beine auftragen, die sie vor dem Festkleben schützt. Jedenfalls haben Wissenschaftler im Labor Spinnenbeine mit dem Lösemittel Ether gewaschen, das Fette und Öle neutralisiert. Daraufhin klebte der Spinnenfaden auch an den Spinnenbeinen fest.

Warum kommen Regenwürmer bei Regen an die Oberfläche – wo sie von Vögeln gefressen werden oder vertrocknen?

Lichtscheu und durch und durch geheimnisvoll ist er, der Regenwurm.

Wieso heißt der Regenwurm eigentlich Regenwurm? Schon das weiß niemand so genau. Eine von zwei möglichen Erklärungen goss einst der Schauspieler und Humorist Heinz Erhardt in Versform:

»Am Fuß von einem Aussichtsturm
saß ganz erstarrt ein langer Wurm.
Doch plötzlich kommt die Sonn' herfür,
erwärmt den Turm und auch das Tier.
Da fängt der Wurm an, sich zu regen,
und Regenwurm heißt er deswegen.«

Tatsächlich habe der Regenwurm bis ins 17. Jahrhundert hinein noch »reger Wurm« geheißen, weil er sich unentwegt durchs Erdreich frisst. Von dieser regen Tätigkeit soll sein heutiger Name stammen, behauptet jedenfalls der Naturschutzbund NABU.

Oder kamen die Regenwürmer zu ihrem Namen, weil man sie bei Regen am häufigsten sieht? Denn dann kommen die Wirbellosen in großer Zahl aus ihren unterirdischen Gängen an die Oberfläche.

Wie dem auch sei – die nächste Frage ist: Warum tun sie das?

Auch das ist weitgehend rätselhaft, denn allzu oft endet für die »Eingeweide der Erde« (Aristoteles) dieser Ausflug tödlich – sei es durch die Sonne oder durch eine hungrige Amsel. Die am häufigsten geäußerte Vermutung darf mittlerweile als widerlegt gelten: Die Regenwürmer flüchten nicht vor dem Erstickungstod, wenn ihre Wohnröhren von schnell eindringendem Regenwasser überschwemmt werden. Regenwürmer ertrinken nicht so ohne weiteres, da sie über die Haut atmen. Das heißt: Sie können mit ihrer gesamten Körperoberfläche Sauerstoff aufnehmen, und zwar auch den im Wasser gelösten Sauerstoff.

Zwei plausiblere Gründe für den Oberflächenbesuch bei Regen sind nach Ansicht mancher Forscher aber diese:

Erstens kann das Regenwasser ihre Gänge zerstören, indem es Erde löst und fortspült. Das könnte die berührungsempfindlichen Würmer irritieren und zu einer orientierungslosen Flucht veranlassen.

Zweitens scheint bei Regen erfahrungsgemäß nicht die Sonne, und die ist nicht gerade der beste Freund der Regenwürmer, weil sie das UV-Licht nicht vertragen und im Sonnenschein schnell austrocknen können. Bei Regen und in der feuchten Luft haben sie also die Möglichkeit, sich an der Oberfläche frei zu bewegen. Etwa um auf Partnersuche zu gehen oder in neue Gebiete auszuwandern.

Bleibt noch ein drittes Rätsel um das »wirbellose Tier des Jahres 2004« (verliehen vom Umweltzentrum Waldschule Cappenberg im Kreis Unna): Stimmt es, dass man einen Regenwurm in zwei Teile schneiden kann – und beide Teile leben weiter beziehungsweise aus jedem Teil entwickelt sich ein neuer Wurm?

Nein. Tatsache ist: »Nur das Vorderende mit den lebenswichtigen Organen lebt weiter, vorausgesetzt, der Darm ist noch lang genug«, erklären die Experten vom NABU. »Das Hinterende kann nachwachsen, ist aber nicht mehr so dick wie das Vorderende. Trotz dieser Regenerationsfähigkeit findet man solche reparierten Würmer nur selten, denn ein verletzter Regenwurm zieht sich an der Wunde sehr leicht eine tödliche Infektion von Pilzen oder Bakterien zu.«

Wo schlafen eigentlich die Vögel?

Je nach Art, Umgebung und manchmal auch Jahreszeit können Vögel an ganz unterschiedlichen Stellen schlafen. »Generell kann man sagen, dass sie dort schlafen, wo sie sich auch die meiste Zeit aufhalten«, erklärt Dr. Jörg Böhner von der Arbeitsgemeinschaft Verhaltensbiologie am Institut für Biologie der Freien Universität Berlin. »Meisen etwa nutzen Höhlen zum Brüten und schlafen meistens auch dort. Andere Vögel, zum Beispiel Drosseln, die ihre Nester in Büschen und Bäumen bauen, verbringen an diesen Stellen die Nacht. Bodenbrüter wie Feldlerchen übernachten häufig am Boden.«

Dass der Schlafplatz der Vögel auch mit der Jahreszeit variieren kann, zeigt das Beispiel der Stare. Während der Brutzeit verbringen sie die Nacht in ihren Nisthöhlen. Anders im Winter oder während des Zugs. Dann bleiben sie auch während des Schlafs im Schwarm und sitzen auf Dächern oder in den Kronen großer Bäume. (Zitiert nach www.wissenschaft-im-dialog.de)

Stimmt es, dass der Tyrannosaurus Rex ein harmloser Aasfresser war?

Echs' und hopp: Krachend schließt sich der mächtige Kiefer des Tyrannosaurus Rex um sein zappelndes Opfer. Das Dolby-Surround-Gebrüll der acht Tonnen schweren Fressmaschine dröhnt durch den Kinosaal. Für Hollywoods Star-Killer *(Jurassic Park)* sind Menschen nur wandelnde Filetstücke.

Das Wichtigste an einem Monsterfilm sind nun mal die Ungeheuer – und nicht die Fakten. Saurierforscher halten es mittlerweile für wahrscheinlich, dass der T. Rex ein harmloser Aasfresser war. Aber: »Die Regisseure nehmen sich solche Freiheiten heraus, weil die Handlung dadurch spannender ist«, meint der Paläontologe Jack Horner vom Museum of the Rockies in Bozeman (Montana). Wer will schon einen Film über einen Killerhai sehen, der niemals zubeißt?

Es war Jack Horner selbst, der in den 1990ern als wissenschaftlicher Berater der *Jurassic Park*-Triologie maßgeblich am schaurigen Image des »Königs der Tyrannenechsen« feilte. Seit 2002 jedoch verkündet Horner genau das Gegenteil und will den Dino-King zum trägen Resteverwerter degradieren, der niemals einem fahrenden Jeep hinterherhecheln würde.

Horner grub in Montana innerhalb von drei Jahren gleich acht T.-Rex-Skelette aus. Er untersuchte die Fossilien eingehend und kam zu einem Schluss, den »die Leute nicht mögen«, wie er selbst einräumt. Nämlich: Der Tyrannosaurus Rex müsse ein Aasfresser gewesen sein, der sich von den Resten ernährte, die seine jagenden Kollegen übrig gelassen hatten.

Wie kommt Horner darauf? Aufgrund verschiedener anatomischer Merkmale.

Da seien einmal die stummeligen Vorderarme: »Sie waren derart klein und schmächtig, dass sie noch nicht einmal bis zum Maul der Kreatur reichten und auch im Kampf völlig untauglich gewesen waren. Wäre T.-Rex etwa umgefallen, hätten die kleinen Arme den Sturz weder abbremsen noch abfangen können«, zitiert das Magazin *Telepolis* (www.heise.de) den renommierten Wissenschaftler.

Jeder Sturz hätte den bislang als furchterregend und monströs eingestuften Saurier in eine hilflose Situation manövriert. Nur mit einer enormen Kraftanstrengung wäre die Riesenechse wieder auf die Beine gekommen.

Als weitere Indizien führt Horner die Zahnstruktur (abgerundete, nach innen gebogene Beißer, die sich eher zum

Zermahlen von Knochen und Knorpel eignen, im Gegensatz zu den klingenförmigen Reißzähnen typischer Raubsaurier) sowie die Hinterbeine des T.-Rex an. Oberschenkelknochen und Schienbein hätten dem 13-Meter-Giganten auf keinen Fall kurze, schnelle Sprints erlaubt, sondern seien für ausgedehnte Wanderungen geschaffen gewesen.

Außerdem schließt der Paläontologe von der Größe der Schädel- und Nasenknochen darauf, dass der vermeintliche Supersaurier nur sehr schlecht sehen, dafür aber umso besser riechen konnte.

Also keine Killerbestie, keine Tötungsmaschine? Unfähig zur Jagd?

Manche Wissenschaftler teilen Jack Horners T.-Rex-Entzauberung. So zum Beispiel John Hutchinson und Mariano Garcia von der Universität Berkeley (Kalifornien), die eine ganze Reihe von Parametern wie etwa die Position der Gliedmaßen, die Länge der Muskelfasern und die geschätzte Muskelmasse in einem Computermodell miteinander verknüpften und die Riesenechse virtuell wiederauferstehen ließen.

Ihren Berechnungen zufolge hätte der Tyrannosaurus rund 80 Prozent seiner Masse in der Beinmuskulatur haben müssen, um schnell laufen zu können. Daher gehen auch Hutchinson und Garcia davon aus, dass die Tyrannenechse sich höchstens mit einer Geschwindigkeit von rund 18 Stundenkilometern fortbewegte. In der Not habe der unsportliche Saurier daher Tierkadaver fressen müssen.

Das ist durchaus möglich – denn schottische Evolutionsbiologen haben unlängst in der Fachzeitschrift *Proceedings of the Royal Society* eine Studie veröffentlicht, nach der ein prähistorisches Ökosystem beispielsweise von der Größe der Serengeti wohl genug Aas abgeworfen hat, um eine Population von Sechs- bis Acht-Tonnen-Aasfressern wie den T.-Rex satt zu bekommen.

Doch es gibt auch andere Stimmen in der Debatte um das Ende einer Saurierlegende.

Zum Beispiel: Möglicherweise waren Dinos leichter als bisher angenommen, weil die Knochen viel leichter gebaut waren als bei Säugetieren, vielleicht so wie Vogelknochen. Wenn das so wäre, dann hätte sich der T.-Rex durchaus schnell bewegen können. (Trotz der zahlreichen Knochenfunde weiß die Paläontologie – die Wissenschaft von den Lebewesen vergangener Erdzeitalter – fast nichts über deren Detailstruktur, da die Knochen ja versteinert sind, das heißt, das ursprüngliche Knochenmaterial wurde im Verlauf von Jahrmillionen durch andere Mineralien ersetzt.)

Oder: Selbst wenn der T.-Rex eine lahme Ente gewesen sein sollte – dasselbe Problem hatten seine Beutetiere, also andere Saurier, ja auch. Vielleicht waren einfach alle Dinos langsam. Und ein langsamer Räuber kann natürlich auch eine langsame Beute fangen – so wie Seesterne, die räuberisch leben, obwohl sie nur ganz langsam kriechen. Aber ihre Leibspeise (Seeigel und Schnecken) ist halt noch langsamer.

Vor allem ein Fossilienfund spricht gegen die Aasfresser-Theorie: Im Denver Museum of Nature and Science befindet sich das Skelett eines pflanzenfressenden Hadrosaurus, welches an seinen Rückenwirbeln aufschlussreiche Spuren aufweist. Inmitten mehrerer bissförmig angeordneter Löcher weist einer der verletzten Wirbel eine Mulde auf, in die sich perfekt ein T.-Rex-Zahn einfügen lässt.

Interessant ist dabei nicht nur der U-förmige Biss, sondern auch die Tatsache, dass die Knochen verheilt sind. Der Hadrosaurus musste also noch zu Lebzeiten von einem T.-Rex angefallen worden sein – »ein deutlicher Widerspruch zur Aasfresser-Theorie«, wie das TV-Magazin *Welt der Wunder* berichtete.

Wer hat nun Recht? Möglicherweise beide Seiten.

Experten glauben mittlerweile an eine kombinierte Nahrungsstrategie der Riesenechse. Vermutlich war der Tyrannosaurus Rex manchmal Aasfresser und manchmal Räuber – vergleichbar mit einem Löwen, der mal jagt und mal andere Jäger einfach von der Beute vertreibt.

Und zu Letzterem war die »furchtbare Königsechse« ganz gewiss in der Lage.

Wieso müssen Pferde eingeschläfert werden, wenn sie sich ein Bein gebrochen haben?

Trauriger Höhepunkt so manch alter *Lassie-* oder *High Incident*-Episode: Ein Pferd tritt in ein Loch, vielleicht in den Bau eines Präriehundes, bricht sich ein Bein – und wird unter Tränen von seinem Besitzer erschossen.

Bloß eine dramatische filmische Zuspitzung?

Nein. Auch in einem Internet-Reitertreff lesen wir in der Rubrik »Die traurigsten Reitererlebnisse« folgenden Bericht: »Ich war damals in den Sommerferien immer auf einem kleinen Renngestüt … Jedenfalls sind wir öfter am Wochenende mit auf die Rennbahn gefahren, weil da ja die Pferde laufen sollten. Ich weiß nicht mehr, welche Rennbahn es war. Eine sehr kleine jedenfalls.

Bei einem Rennen hat sich ein Reiter mit Pferd überschlagen, vor unseren Augen. Dem Reiter ist nichts passiert, aber das Pferd konnte mit dem einen Bein nicht mehr auftreten. Es hing nur noch so runter, total schrecklich … Dann haben sie das Pferd in eine Ecke der Rennbahn gebracht, wo keine Menschen waren. Man hat nur noch einen Schuss gehört und das Pferd zusammensacken sehen. Das war's dann.«

Warum tut man das? Heilen Pferdeknochen etwa nicht mehr?

Doch, das tun sie. Dennoch bedeuteten in früheren Zeiten Brüche und Risse der Knochen für Pferde das Todesurteil. Und manchmal auch heute noch.

Das Problem: Pferde sind »Bewegungstiere«. Ein Pferd mehrere Wochen lang mit Seilen, Gurten oder Bauchschlingen in seiner Box zu fixieren, es also ruhigzustellen, damit das kaputte Bein nicht belastet wird, ist äußerst schwierig – beziehungsweise kommt nahezu einer Tierquälerei gleich.

Hinlegen geht auch nicht, da sich in kurzer Zeit üble Druckgeschwüre (Dekubitus) bilden und Verstopfungskoliken entstehen.

Mittlerweile hat die Veterinärmedizin so große Fortschritte gemacht, dass die meisten Knochenbrüche bei Pferden recht gut zu behandeln sind, etwa durch Schraubung oder dadurch, dass das abgebrochene Stück operativ entfernt wird. Dennoch wird jeder Pferdeliebhaber genau abwägen, ob er seinem Tier die körperlichen und auch psychischen Belastungen des Heilungsverlaufs zumuten will.

Und nicht selten scheitert es auch einfach an den finanziellen Möglichkeiten: das Röntgen, die OP, das anschließende Muskelaufbautraining – all das ist ebenso langwierig wie kostspielig. Daher wird vor allem in Zuchtbetrieben zumeist nach der Wirtschaftlichkeit entschieden.

Apropos Gerüchte: Viel unsinniger als die – wenigstens denkbare – Vermutung, dass Pferdeknochen nicht mehr richtig zusammenwachsen, ist eine andere oft gehörte Behauptung: dass Pferde keine Nieren hätten. Das nämlich sei der Grund, weshalb Pferdefleisch so seltsam schmecke – weil eben der Harnstoff der Tiere sich im Gewebe ansammeln würde.

Weia! Natürlich haben Pferde Nieren.

Sie haben bloß keine Gallenblase, die Gallenflüssigkeit gelangt direkt in den Zwölffingerdarm.

Mit dem Geschmack von Pferdefleisch hat indes auch das nichts zu tun. Die Geschmäcker sind eben verschieden, und Pferd liegt für die einen »etwa zwischen Rind und Wild, mitunter etwas süßlich«, für die anderen schmeckt es »leicht säuerlich«, »natürlich würzig« – oder eben schlicht »nach Urin«.

Was hat ein Flohmarkt mit Flöhen zu tun?

Seinen Namen verdankt der Flohmarkt spätmittelalterlichen Kleidergaben der Fürsten. Einmal dem Volk überlassen, wurde mit diesen Kleidungsstücken gehandelt. Dabei wechselte auch der eine oder andere Floh den Wirt.

Warum müffeln Hunde so, wenn sie nass werden?

»Stinkt wie ein nasser Hund« ist auf dem besten Weg, zum geflügelten Wort zu werden – jedenfalls stößt man in diversen Internetboards und Weblogs immer häufiger auf diese Redewendung.

Einige Beispiele:

In einem Treppenhaus irgendwo in Deutschland duftet es nach »einer Mixtur aus Knoblauch mit viel Zigarilloqualm und einer Spur nasser Hund«.

Oder: »Da meine Haut im Moment ja mal ganz gut ist, wurden mir jetzt noch ein paar Sachen zur Verminderung von Juckreiz verschrieben ... Diese Salbe stinkt zum Glück nicht so erbärmlich (ich sag' nur nasser Hund!).«

Oder: »Jedes Mal, wenn unsere Spülmaschine fertig ist und man nicht sofort die Tür aufmacht, stinkt danach das gesamte Geschirr richtig eklig ... Der Geruch erinnert halt an so abgestandenes Wasser oder wie ein nasser Hund, wenn ihr wisst, was ich meine.«

Wir wissen, was gemeint ist.

Aber warum eigentlich riechen Hunde seltsam, wenn sie nass werden?

»Kein Hund stinkt von sich aus!«, erregt sich der Schweizer Tierpsychologe und Hundetherapeut Stefan K. Wittlin ob dieser Frage. Ein Hund stinke auch nicht, weil er vom Regen nass wird. Sondern? »Ein Hund stinkt, weil der Dreck im Fell sich bei Regen aufweicht und vor sich hin mufft. Da sind dann kein Regen oder sonstige Geister schuld daran, wenn ein Hund stinkt.«

Aus diesem Grund hält Wittlin auch nichts vom Abrubbeln des nassen Vierbeiners: »Oft kann man auch beobachten, dass Halter ihren Hund nur mit einem Tuch abreiben. Dieses Tun ist falsch und bringt außer Gerüchen nichts. Der Dreck wird dabei doch nur ins Innere des Fells geschrubbt. Und genau dieser Schmutz ist es, der bei Regen anfängt, übel zu riechen.«

Fazit des Kynologen (Kynologie = die wissenschaftliche Lehre von den Hunden): »Der Halter ist es, und nur der Halter! Wenn ein sauberer Hund in den Regen kommt, stinkt er nicht.«

Letzteres indes stellen zahlreiche Hundeliebhaber durchaus vehement in Abrede. Und möglicherweise mit Fug und Recht, denn Experten machen noch einen zweiten – wenn auch selteneren – Grund geltend, warum Hunde jene merkwürdigen Ausdünstungen verströmen, wenn sie in den Regen kommen: Hautprobleme.

Schon harmlose Ausschläge und Hautirritationen würden einen eigentümlichen Körpergeruch bei Hunden verursachen, der durch Wasser verstärkt werde. Besonders anfällig für Hautleiden seien Schnauzer, Terrier und Cockerspaniel.

Können Libellen eigentlich stechen?

Bedrohlich sieht er schon aus, der schwarze, leicht gebogene Dorn, den einige Libellenarten (und auch nur die Weibchen) der heimischen Fauna am Hinterleib tragen.

Doch das ist kein Stachel, sondern ein Legebohrer (wissenschaftlich »Ovipositor« genannt) – also eine Vorrichtung zur Eiablage. Libellen haben keinen Stachel und können definitiv nicht stechen!

Woher aber kommt dann dieser weit verbreitete Irrglaube – und auch althergebrachte Bezeichnungen wie »Teufelsnadel«, »Augenstecher« oder »Pferdestecher« für die eleganten Flugkünstler?

»Ja selbst heute heißen Libellen im englischsprachigen Raum dragonflies (Drachenfliegen)«, erklärt die Webseite www.libelleninfo.de. »Irgendwie mussten unsere Ahnen ja zu der Namensgebung gekommen sein. Das geschah fast immer durch Beobachtung, wenn auch durch eine leider nicht sehr genaue.

Wo Tiere (Pferde, Kühe usw.) sind, da sind auch Insekten. Das trifft besonders für Weidetiere zu, die wegen der Tränke fast nur in Wassernähe gehalten wurden. Jedoch waren es nie die Libellen, die den Tieren gefährlich wurden. Vielmehr war es die Beute der Libellen, kleine Insekten, hauptsächlich Mücken, Bremsen und Fliegen.

Wo sie vorkamen (noch dazu in Massen), da waren auch die viel größeren Libellen, die diese kleinen Insekten in der Nähe der Tiere ergriffen. Dazu machten sie kleine Sturzflüge auf das Pferd oder die Kuh zu. Ein Beobachter sieht aber nicht die kleinen Insekten, sondern nur die Libellen, wie sie auf das Pferd zustürzen und es vermeintlich stechen.«

Libellen sind also nicht nur harmlos, sondern sogar recht nützlich, denn sie jagen stechende Plagegeister wie Mücken und Bremsen.

Warum haben Schnecken ein Loch auf der Seite?
Das ist das Atemloch.

Sagt ja keiner, dass man zum Essen und zum Luftholen dieselbe Öffnung benutzen muss. Man sieht es übrigens nur bei Nacktschnecken so gut. Bei Gehäuseschnecken liegt das Atemloch etwas verdeckt, direkt im Eingang zum Häuschen.

Mysteriöses

Wieso soll man sich nie um Punkt Mitternacht mit einer Kerze vor einen Spiegel stellen?

Einen Spiegel zu zerbrechen bringt sieben Jahre Unglück – dieser alte Aberglaube ist hinreichend bekannt.

Neuerdings indes warnen verschreckte Kids in einschlägigen Internetforen: »Stelle dich nie um Punkt Mitternacht mit einer Kerze vor einen Spiegel.« Oder: »Schau nicht Schlag Zwölf in den Spiegel« (zum Beispiel bei www.allmystery.de).

Wieso nicht?

Anscheinend haben auch deutsche Teenager die in Amerika seit langem bekannte »Bloody-Mary-Beschwörung« entdeckt und zu ihrem Lieblingspartyspiel erklärt, das sogar Gläserrücken und Pendeln den Rang abzulaufen scheint. Mal heißt die Prozedur »Spiegelritual«, oder es ist von »Maria im Spiegel« oder eben von »Bloody Mary« die Rede. Gemeinsam ist allen Erzählungen, dass man sich in völliger Dunkelheit um Mitternacht mit einer brennenden Kerze vor einen Spiegel stellen muss. Über das, was dann geschieht, kursieren unterschiedliche Ansichten.

Im »Forum« der grenzwissenschaftlichen Webseite www.einsamer-schuetze.com liest man: »Es gibt auch diese Zeremonie, wo man sich im Dunkeln mit einer Kerze in der Hand vor einen Spiegel stellen muss und dreimal ›heilige blutige Maria‹ sagt, dann würde sie im Spiegel erscheinen und eine Hand herauskommen, die einen würgen soll.«

Bei www.hexenboard.de wird das Grusical hingegen so beschrieben: »Dein Zimmer muss dunkel sein, bei Tag oder Nacht. Setz dich vor deinen Spiegel, zünde um dich die zwölf Kerzen an und sage konzentriert in den Spiegel: ›Blondi, Blondi, Blondi.‹ Es erscheint eine Frau mit einem Messer. Erschrick nicht, du musst ihr den Namen deines/deiner Ex sagen, und sie wird verschwinden und ihn/sie über die Woche jede Nacht schlaflos legen vor Angst. Sie kommt aber wieder und will einen angemessenen Lohn haben.«

Eine dritte Versuchsanordnung stellt die Seite www.unterhaltungsspiele.com anheim:

»Wenn du vor einem Spiegel stehst, dann sag 40-mal ›Bloody Mary‹ oder 20-mal ›blutige Maria‹, dann siehst du eine Art Zombie, aber doch ist es keiner. Es ist unfassbar … Eine Art verschimmelte Leiche geht auf dich zu, kommt immer näher und näher. Zuerst hebt sie die Hand und legt sie dir auf die Schultern. Aber dann wird der Druck immer fester, immer fester. Plötzlich, wenn du zwinkerst, siehst du die verschimmelte Leiche vor deinen Augen davonschweben. Wer weiß, was verbirgt sich hinter deinem Spiegel? Probier es einfach mal aus!«

In der harmlosen Version der Geschichte soll nach einer entsprechenden Anrufung die Heilige Jungfrau Maria im Spiegel zu sehen sein.

Und genau diese vielen verschiedenen Ausformungen des immer selben Erzählkerns sind es, die das schauerliche »Spiegelritual« als lupenreine Wandersage entlarven. Die amerikanische Erzählforscherin Janet Langlois konnte schon 1978 mehr als hundert Variationen dieser urbanen Legende identifizieren: Überwiegend wird der Geist »Bloody Mary« genannt, manchmal aber auch »Hell Mary«, »Mary Worth«, »Mary Lou«, »Mary Whales«, »Mary Jane« oder »Mary Johnson«. Die Anzahl der Kerzen, die notwendig sind, um das Gespenst herbeizuzitieren, variiert ebenso wie die »richtige« Beschwörungsformel, die mal gesungen, mal gesummt und mal geflüstert werden muss.

Auch die irdische Identität der Geisterfrau wird von jedem nachbetenden Mund leicht abgewandelt. In der populärsten Version war »Bloody Mary« eine junge Frau, die bei einem Autounfall schwere Gesichtsverletzungen davontrug und schließlich daran starb. Und seither trachtet ihr rachsüchtiger Geist danach, jedem das Gesicht zu zerkratzen, der sie in ihrer düsteren Twilight-Zone zwischen Leben und Tod anruft. Andere dagegen erzählen den »Bloody Mary«-Mythos als die Geschichte einer im Mittelalter verbrannten Hexe – oder es geht um eine Kindermörderin oder schlicht um eine »verrückte Alte«, der ein lokaler Hintergrund verpasst wird.

Dass die Erscheinung »Mary« heißt, könnte auf die englische Königin Maria I. aus dem Hause Tudor zurückgehen, die 1553 den Thron bestieg und einige hundert Protestanten als Ketzer verbrennen ließ, was ihr den Beinamen »Bloody Mary« (die blutige Maria) einbrachte. Denkbar ist auch, dass die Urheber der Gruselstory das katholische Mariengebet »Hail Mary« (Gegrüßet seist du, Maria) sprachlich zu »Hell Mary« abwandelten.

Wie auch immer: »Bloody Mary« oder »Hell Mary« ist eine in den USA seit Jahrzehnten sehr populäre »Campfire Tale« – eine gruselige Geschichte fürs allabendliche Lagerfeuer im Ferienlager. Sie bedient sich des klassischen Märchenmotivs vom Spiegel als Tor zur Geisterwelt (»Spieglein, Spieglein an der Wand ...«) ebenso wie der unwiderstehlichen Faszination, die Rituale und nervenkitzelnde Mutproben auf Jugendliche ausüben.

Zu Halloween 2006 listete das US-amerikanische Magazin *Fate* die aktuell in Amerika verbreiteten Versionen dieses modernen Mythos auf:

- *Variante 1:* Um den Geist in unsere Dimension zu locken, begeben sich einige Mädchen in einen dunklen Raum, starren in einen Spiegel und rufen in einer Art Singsang 13-mal »Bloody Mary«.

- *Variante 2:* Die Jugendlichen versammeln sich in einem stockfinsteren Zimmer, zünden eine Kerze an und singen dreimal, sechsmal, neunmal oder auch hundertmal im Chor »Bloody Mary«.
- *Variante 3:* Die Teenager treffen sich in einem abgedunkelten Raum, drehen sich wie kleine Kreisel, rufen nach dem Geist von Mary und schauen nach jeder vollen Umdrehung flüchtig in den Spiegel.
- *Variante 4:* Wieder darf kein Tageslicht in die Räumlichkeiten fallen, doch diesmal weicht das Sprechritual etwas ab. Die Mädchen singen: »Ich glaube an Mary Worth. Ich glaube nicht an Mary Worth. Ich hasse Mary Worth. Bloody Mary, komm zu mir. Bloody Mary, ich habe dein Baby«, während im Hintergrund ein christliches Gebet gemurmelt wird.
- *Variante 5:* Eine kleine Gruppe glaubt, dass der Erfolg der Zeremonie vom Wochentag abhängig ist, und zelebriert Variante 1 nur an einem Freitag.

Aber wie gelangte »Bloody Mary« nach Deutschland? Üblicherweise waren es die Massenmedien, die für die Verbreitung der Wandersage sorgten.

1989 kam *Candyman's Fluch* in die Kinos, der auf der Kurzgeschichte »Das Verbotene« im fünften *Buch des Blutes* von Clive Barker basiert. Darin geht es um den mordlüsternen Geist eines getöteten Sklaven, der sich aus einem Spiegel ins Diesseits materialisiert, wenn jemand fünfmal laut seinen Namen ausspricht.

Wie sehr dieser Film nachwirkt, zeigt ein Interview, das die Jugendzeitschrift *Bravo* in ihrer Halloween-Ausgabe 2003 (Nr. 45 vom 29. Oktober) mit der Boygroup »B3« führte.

Unter anderem wollte das Popblatt wissen: »Hattet ihr Monster unterm Bett, als ihr klein wart?« Darauf antwortete Tim, der Sänger der Band: »Das nicht, aber man sagt doch, dass du niemals in den Spiegel blicken und dreimal ›Candy Man‹ sagen darfst. Ich habe es zweimal gesagt – und hatte dann voll Panik, dass ich sterben muss. Drei Monate lang habe ich danach nicht mehr in den Spiegel geguckt!«

Candyman's Fluch zog zwei Fortsetzungen nach sich, und auch in dem neueren Teenhorrorstreifen *Düstere Legenden 3 – Bloody Mary* sowie in der *Akte-X*-Folge »Energie« spielten die alte Sage und ein entsprechendes Ritual eine Rolle.

»Man muss wohl kaum betonen, dass niemand Bloody Mary je zu Gesicht bekommen hat«, schreibt die amerikanische Autorin Jane Goldman dazu in ihrem Buch *Die wahren X-Akten.* Doch das dürfte zumindest ergänzungsbedürftig sein.

So stellt ein namenloser User auf der Webseite »Der einsame Schütze« wohl zu Recht fest: »Ich denke mir auch, dass das nicht funktioniert. Aber es könnte den Hintergrund haben, dass die Leute, die so etwas machen, sich vor lauter Angst und Aufregung eine Frau im Spiegel einbilden.«

Absolut möglich.

Und nicht ganz ungefährlich, wie *Fate* in dem besagten Artikel weiter berichtete. Denn das Beschwörungsritual birgt durchaus psychische Gefahren in sich. Nach dem Partyspiel hätten einige der Mädchen hysterische Anfälle bekommen. Andere wiederum litten seitdem an Angstzuständen, sobald sie in einen Spiegel schauten.

Was hat es mit dem berühmten indischen Seiltrick auf sich?

Dieser angebliche Zaubertrick, der Berichten zufolge von Tausenden von Menschen beobachtet wurde, läuft so ab:

Ein indischer Fakir (Straßenzauberer) wirft ein Seil gen Himmel, aber das Seil fällt nicht zurück auf den Boden. Stattdessen bleibt es in der Luft stehen, und das obere Ende verschwindet im Dunst, trüben Dämmerlicht oder Nebel.

Ein Junge klettert an dem Seil hoch, der Magier folgt ihm mit einem Messer zwischen den Zähnen und wenig später fallen Körperteile des Jungen herunter, in einen Korb, der am Fuß des Seils steht.

Der Fakir gleitet das Seil hinab, wirft ein Tuch über den Korb und lässt den Jungen auf wundersame Weise und völlig wohlauf wiederauferstehen.

Zur Erklärung dieses erstaunlichen Tricks wurden in den vergangenen Jahrzehnten verschiedene – unbefriedigende – Theorien bemüht, wie etwa Massenhypnose oder ein echtes übernatürliches Phänomen oder ein Illusionistenmeisterstück mit einem unsichtbaren, von oben herabhängenden Seil, in das sich das geworfene Seil einhakt, und mit rasierten Affengliedmaßen statt menschlichen Körperteilen etc.

Unnötig, denn beim indischen Seiltrick handelt es sich bloß um eine Legende.

Der Psychologe und ehemalige Präsident des Magischen Zirkels im schottischen Edinburgh, Peter Lamont, suchte fünf Jahre lang nach dem Ursprung und einer Erklärung der weltbekannten Illusion und fand am Ende nicht mehr als eine amerikanische Zeitung, die ihre Auflage erhöhen wollte.

Die *Chicago Tribune* veröffentlichte 1890 den frei erfundenen Bericht eines frei erfundenen Augenzeugen namens Fred. S. Ellmore über das oben beschriebene »Wunder«. Als das Blatt die Fälschung vier Monate später zugab, war es schon zu spät: Der berühmte »indische Seiltrick« war geboren und kursierte von Zeitung zu Zeitung, wobei die Beschreibungen mit der Zeit immer grausamer und spektakulärer wurden.

Gibt es einen »Fluch des Ötzi«?

Sieben Menschen, die mit der Gletschermumie »Ötzi« unmittelbar oder mittelbar zu tun hatten, sind seit dem Sensationsfund in den Ötztaler Alpen 1991 gestorben:

- Der Gerichtsmediziner und Ötzi-Untersucher Rainer Henn († 1992, 64 Jahre) verunglückte auf einem kurvenreichen Abschnitt der Gailtalstraße in Kärnten, die als besonders gefährlich bekannt ist. In einer unübersichtlichen Linkskurve geriet ein anderes Fahrzeug wegen überhöhter Geschwindigkeit auf die Gegenfahrbahn. Es kam zum Frontalzusammenstoß. Der Gerichtsmediziner starb an einem Genickbruch, seine Frau überlebte den Unfall. Rainer Henn trifft keine Schuld an dem Unfall.
- Der Bergführer Kurt Fritz († 1993) galt als gut trainiert und verunglückte auf seinem eigenen »Hausberg«, dem Ortler, in Südtirol. Starker Wind hatte zu Schneeverwehungen geführt. Wegen schlechter Sicht hätte der Bergführer umkehren müssen. Da er aber den japanischen Botschafter schnell zu einem Plateau führen wollte, war er auch nicht wie sonst üblich angeseilt. An einem steilen Hang wurde der Bergführer von einem Schneebrett erfasst und in eine Gletscherspalte gedrückt. Mehrere Risikofaktoren sowie Unvernunft führten zu dem tödlichen Unglück.
- Der ORF-Reporter Rainer Hölzl († 2004, 41 Jahre) hatte einen seltenen Hirntumor, von dem zunächst angenommen wurde, er sei gutartig. Erst bei einer Operation erkannte man seine Bösartigkeit. Nach einer Chemotherapie war der Reporter so weit genesen, dass er wieder arbeiten konnte, brach aber kurze Zeit später zusammen und starb einige Wochen später in einer Innsbrucker Klinik an einer Lungenembolie.

- Der Ötzi-Entdecker Helmut Simon († 2004, 67 Jahre) verließ bei einer Bergtour den vorgeschriebenen Weg und ging einen Jägersteig am Gaiskarkogel im Gasteinertal (Salzburger Land) entlang. Simon rutschte vermutlich auf feuchtem Gras aus, stürzte rund 100 Meter tief eine Geröllrinne hinunter und blieb in einem kleinen Bach liegen.
  Weil das Wetter umschlug und der Leichnam mit Schnee bedeckt wurde, konnte Simon trotz groß angelegter Suchaktion erst mehrere Tage später geborgen werden. Ein Jäger entdeckte zufällig mit dem Fernglas den roten Anorak. Simon soll des Öfteren abseits der Wege gegangen sein. Insofern musste es früher oder später zu einem Unfall kommen.
- Der Bergretter Dieter Warnecke († 2004, 67 Jahre) starb nur wenige Tage nach Helmut Simons Bergung an einem Herzinfarkt. Beide wurden am selben Tag auf demselben Friedhof in Bad Hofgastein beerdigt. Warnecke war schwer herzkrank, hatte bereits einen Herzschrittmacher und war deshalb nicht mehr aktiv bei Einsätzen dabei. Da er aber mit Leib und Seele Bergretter war, half er in der Bergrettungszentrale die Suche nach Simon zu koordinieren. Dieter Warnecke selbst hatte direkt gar keinen Bezug zu Ötzi.
- Der Mikrobiologie Professor Dr. Friedrich Tiefenbrunner († 2005, 63 Jahre), der eine Methode gefunden hatte, die Mumie vor Bakterien- und Pilzbefall zu schützen, starb bei einer Herzklappenoperation. Eine Lungenentzündung hatte seinen Organismus geschwächt. Bereits als junger Mann hatte sich Tiefenbrunner einer Herz-OP unterziehen müssen, konnte aber ohne Beeinträchtigung leben. Die erneute Operation war ein komplizierter Eingriff.
- Der Geschichtsprofessor Konrad Spindler († 2005, 66 Jahre) war der erste Archäologe, der Ötzi zu sehen bekam. Zu Lebzeiten belustigten ihn die Spekulationen um

einen Fluch. Scherzhaft hatte er gefragt: »Werde ich der Nächste sein?« Sein Gesundheitszustand verschlechterte sich rapide innerhalb von anderthalb Jahren. Obwohl er auf Krücken gehen musste, arbeitete Spindler weiter. Wegen plötzlicher Atemprobleme wurde er im April von der Uni ins Klinikum gebracht, wo er starb. Die medizinische Diagnose hieß ALS (Amyotrophe Lateralsklerose): eine Muskellähmung, die auch die Atemmuskulatur betrifft. Typischerweise tritt die Krankheit im Alter zwischen sechzig und siebzig auf.

- Im Oktober 2005 wurde der 63-jährige Archäologe Tom Loy, der an einem Buch über Ötzi schrieb, tot in seiner Wohnung im australischen Brisbane aufgefunden. Loy litt seit rund zwölf Jahren an einer Blutkrankheit, die kurz nach Beginn seiner Ötzi-Forschungen diagnostiziert worden war. (Zitiert nach www.weltderwunder.de)

Rächt sich die Gletschermumie an denjenigen, die ihre Grabruhe gestört haben? Findet der Geist eines Ermordeten keine Ruhe? Neueste Erkenntnisse deuten nämlich darauf hin, dass der Steinzeitmann durch eine Pfeilspitze in seiner Schulter starb.

Nachdem der angebliche Fluch des ägyptischen Pharaos Tutenchamun unlängst als Mythos entlarvt worden ist (siehe auch Bernd Harder: *Das Lexikon der Großstadtmythen)*, kolportieren die Boulevardmedien nun den »Fluch des Ötzi«.

Wieso eigentlich?

Das TV-Magazin *Welt der Wunder* rechnete aus, dass die Todesserie im Fall von Ötzi statistisch auf nichts Ungewöhnliches hinweist. Das lässt sich mit einem einfachen Beispiel erklären: Von allen Menschen, denen jemand innerhalb von 14 Jahren die Hand gegeben hat, sind sicherlich mittlerweile sieben oder mehr gestorben – wie bei den Kontaktpersonen von Ötzi.

Ein weiterer Einwand gegen die Fluch-Hypothese: Zwei Männer starben in den zwei Jahren nach Ötzis Entdeckung. Aber dann vergingen über zehn Jahre bis zum nächsten Todesfall. Warum sollte Ötzi sich mit seiner Rache so lange Zeit lassen?

Betrachtet man den Gesamtzusammenhang, wirken die Geschehnisse um Ötzi kaum mehr mysteriös: Mindestens 22 verschiedene Personen waren in den vier Tagen von der Entdeckung bis zur Bergung an der Fundstelle, mittlerweile hatten insgesamt drei- bis sechshundert Wissenschaftler mit der Gletschermumie zu tun. Da erscheinen sieben Todesfälle nicht als besonders viel, zumal die Verstorbenen – bis auf eine Ausnahme – alle über sechzig Jahre alt waren.

Auch die Todesarten der Betroffenen gelten nicht als ungewöhnlich: Krebsleiden sind in Deutschland die zweit- und in Österreich die dritthäufigste Todesursache. Fast jeder Zweite stirbt an einer Erkrankung des Herz-Kreislauf-Systems. Bei Verkehrsunfällen kommen in Österreich Jahr für Jahr knapp 900 Menschen ums Leben, bei Bergunfällen rund 300.

Vom Unterhaltungswert her ist der eisige Grabesfluch eine interessante Geschichte. Die Faktenlage jedoch ist vergleichbar mit dem »Fluch Napoleons«, witzeln die Legendensammler von der österreichischen Webseite www.sagen.at: »Ausnahmslos jeder, der Napoleon je die Hand gereicht hat, ist gestorben.«

Haben Tollwutausbrüche den Mythos von den Vampiren hervorgebracht?

Gewiss, unter medizinischen Aspekten betrachtet fällt sofort auf, dass werdende Vampire in Film und Fernsehen eine

Persönlichkeitsveränderung durchmachen: Sie werden aggressiv, denken unlogisch und fangen an zu beißen. So etwas geschieht nicht nur bei ausgesprochenen Geisteskrankheiten, sondern ebenso bei Tollwut.

Genau mit dieser früher weit verbreiteten und gefürchteten Krankheit, so glauben einige Biologen, könnten Menschen Bekanntschaft gemacht haben – vielleicht durch wild gewordene Fledermäuse. Auf diese Idee kam zum Beispiel der spanische Neurologe Juan Gómez-Alonso beim Besuch eines Vampirfilms: »Ich sah den Film eher als Arzt, der einen schwierigen klinischen Fall zu lösen hat, denn als Zuschauer.«

Dumm an dieser Theorie ist allerdings, dass Tollwutansteckungen durch Fledermäuse nur aus dem tropischen Südamerika, nicht aber aus Europa bekannt sind.

Eine bessere medizinische Erklärung bot erst vor wenigen Jahren Professor Christian Reiter vom Wiener Institut für Rechtsmedizin. Er fand, dass besonders die aus dem 18. Jahrhundert überlieferten Obduktionsberichte von Leichen, denen man vampiristische Umtriebe nachsagte (und die als Tote gelegentlich wirklich durchs Herz gepfählt wurden), stark an eine tödliche Milzbrandinfektion erinnern. Werden Menschen vom Anthraxerreger befallen, so können sie sogar eine blutige Lungenentzündung bilden. Den Obduzenten mag das als schräger Beleg für massives Blutschlürfen, allerdings in das falsche Innenorgan, erschienen sein.

Andere postmortale (und weit weniger spektakuläre) Leichenerscheinungen indes können aus einem normalen Toten noch leichter einen Scheinvampir machen: »Jeder Leichenbeschauer kennt beispielsweise das Geräusch, das einem Verstorbenen entweichen kann, der auf der Suche nach Rückenverletzungen aufgerichtet wird«, erklärt der Kölner Forensiker und Medizinwissenschaftler Dr. Mark Benecke. »Die dabei gelegentlich aus den nun zusammengedrückten

Lungen strömende Luft erzeugt nicht nur ein letztes Stöhnen, sondern kann auch vom Austritt rötlicher Fäulnisflüssigkeit aus dem Mund begleitet werden.«

Leichen, deren Grab nach einiger Zeit wegen übernatürlicher Verdachtsmomente geöffnet wird, liegen darüber hinaus hin und wieder in einer Körperstellung, die nicht mehr der bei der Einsargung entspricht. Der Grund: Leichengase haben die zeitweise geblähten Glieder verrutschen lassen. Ein Tapferer, der da nicht an Vampire denkt.

Aus der Mode kommt damit auch die vielleicht älteste klinisch-naturwissenschaftliche Vampirtheorie. Sie besagt, dass Porphyriekranke (Porphyrie = erbliche Stoffwechselkrankheit) die Wurzel des vampirischen Volksglaubens bilden. Tatsächlich sind die Porphyriepatienten totenblass und lichtempfindlich – und somit nachtliebend.

Sogar ihre Zähne können rot gefärbt sein. Auf einem Gemälde von J.-F. Gueldry aus dem 19. Jahrhundert ist eine Reihe solcher Menschen dargestellt, die mit Ekel im Gesicht frisches Stierblut trinken müssen, um den durch innere Zersetzung und häufige Hautverletzungen bedingten Blutverlust wieder auszugleichen. Ob Gueldry diese Menschen allerdings wirklich gesehen hat, ist fraglich: Bislang sind nicht einmal zweihundertfünfzig Porphyriefälle dokumentiert.

Somit ist auch diese Krankheit wohl zu selten, um die zahllosen und auf der ganzen Welt verbreiteten und immer neu variierten Legenden um Dracula und Co. inspiriert zu haben. Mit Sicherheit haben Infektionskrankheiten mit einer sehr auffälligen Symptomatik wie eben Tollwut oder auch Tetanus ihr Scherflein zur Ausgestaltung des Vampirglaubens beigetragen – dieser speist sich allerdings aus vielen verschiedenen Quellen und Motiven, die mit einem einzigen Erklärungsansatz niemals erfasst werden können.

Stimmt es, dass japanische Fischer 1977 einen Dinosaurier fingen?

Tatsächlich ging am 25. April 1977 dem japanischen Fangboot »Zuiyo-maru« etwa 30 Seemeilen östlich von Christchurch, Neuseeland, ein 10 Meter langer, 2 Tonnen schwerer, halb verwester Kadaver eines Tieres ins Netz, das niemand an Bord je zuvor gesehen hatte.

Das seltsame Wesen stank so fürchterlich, dass die Fischer die Überreste wieder ins Meer warfen, doch ein an Bord befindlicher leitender Angestellter des Fischereiunternehmens namens Michihiko Yano ergriff vorher die Gelegenheit, einige Größenmessungen durchzuführen, Gewebeproben zu nehmen und Fotos zu machen. Seine Aufnahmen erregten Aufsehen in der gesamten Weltpresse: Der anscheinend sehr lange, dünne Hals des Tieres erinnerte an einen längst ausgestorbenen Plesiosaurus – eine Interpretation, die auch die Fischereigesellschaft bei einer Pressekonferenz am 20. Juli 1977 vertrat.

Die japanische Zeitung *Asahi Shinbun* zitierte auch den Leiter der Tierforschungsabteilung des nationalen Wissenschaftsmuseums in Tokio, Professor Yoshinori Imaizumi, mit den Worten: »Es ist kein Fisch, Wal oder Säugetier. Es sieht einem Plesiosaurus sehr ähnlich.«

Washington Post, Boston Globe, New York Times, New Scientist und andere renommierte Medien berichteten ebenfalls über den Fund und titelten: »Seit Godzilla hatte kein Monster Japan so im Griff.«

Spielzeughersteller brachten Modelle auf den Markt, eine Plesiosaurus-Briefmarke wurde aufgelegt und sogar ein Kamerahersteller warb mit den spektakulären »Seemonster«-Fotos.

Plesiosaurier stellten die bedeutendsten meeresbewohnenden Reptilien des Erdmittelalters vor 65 Millionen Jahren dar. Einige Arten erreichten eine Länge von 14 Metern. Die Gliedmaßen waren zu langen, paddelförmigen Flossen umgebildet, der Körper selbst war gedrungen und nahezu fassförmig, der Schwanz recht kurz.

Aber wie konnte ein Plesiosaurus überlebt haben? Und war mithin an den zahlreichen Berichten über mysteriöse Seeschlangen doch etwas dran?

Die Lösung des Rätsels kam im Juli 1978 ans Licht, als eine Arbeitsgruppe in einem Report für die »Societé Franco-Japonaise d'Océanographie« die Ergebnisse umfangreicher Untersuchungen der Gewebeproben veröffentlichte: Bei dem Zuiyo-maru-Fund deutete alles auf einen Riesenhai hin.

Gegen einen Plesiosaurus sprachen zudem verschiedene anatomische Details, die auf den Fotos und der Skizze Michihiko Yanos deutlich erkennbar waren. So hatten Plesiosaurier mindestens 13 Halswirbel, während der Kadaver nur etwa die Hälfte aufwies. Auch die Form des Kopfes, die Bänder entlang der Wirbelsäule, die Rückenflosse und andere Merkmale passten zu einem Hai, aber nicht zu einem Reptil und keinesfalls zu einem Plesiosaurus.

Was aber war mit dem langen, dünnen Hals, der für einen Hai wiederum völlig untypisch ist? Der Riesenhai ernährt sich von Plankton und gleitet mit weit aufgerissenem Maul gemächlich unter der Oberfläche, während der gewaltige Kiemenapparat die im Meer schwebenden Kleinstlebewesen aus dem aufgenommenen Wasser filtert. Daher sind der Unterkiefer und die Kiemen nur schwach am Körper befestigt und verwesen zuerst, wenn das Tier gestorben ist.

Übrig bleibt die Halswirbelsäule mit dem relativ kleinen Schädel, was dem Kadaver ein Erscheinungsbild ähnlich dem eines Seeungeheuers gibt. Dieses Phänomen ist seit langem bekannt und hat dem Riesenhai bereits den Spitznamen »Pseudoplesiosaurus« eingebracht.

Der Monsterbegeisterung taten diese Enthüllungen jedoch kaum einen Abbruch, und in der einschlägigen Mysteryliteratur lebt der »Plesiosaurus von Christchurch« als ungelöstes Rätsel weiter.

Was sind das für seltsame Blinklichter, die manchmal mit bloßem Auge auf dem Mond zu sehen sind?

Der Mond ist eine tote Ödnis, die im Endstadium ihrer Entwicklung um die Erde zieht und außer dem Spiel der Mondphasen keine Abwechslung zu bieten hat: Dieses Bild des Erdbegleiters ist spätestens seit den Mondlandungen in den Köpfen verankert. Selbst unter Amateurastronomen erfreut sich der Mond keiner allzu großen Beliebtheit und wird oft als störende Lichtquelle empfunden, geeignet höchstens, um an seinen scharf gezeichneten Bergen und Kraterrändern neue Optiken zu testen. Mondenthusiasten hat es aber zu allen Zeiten gegeben – und den Vielbeobachtern verdanken wir auch eine stattliche Sammlung von Berichten über kurzlebige Veränderungen auf der Mondoberfläche, die im Laufe von Jahrhunderten zusammengetragen wurde.

»Transient Lunar Phenomena« oder TLPs werden diese Phänomene genannt, die fast ausschließlich mit dem Auge beobachtet und nur in den seltensten Fällen auch fotografisch oder elektronisch festgehalten wurden. Die erste belegte Beobachtung stammt schon aus dem Jahre 1540. Bis heute sind etwa 1500 Berichte katalogisiert.

Das klingt nach einer ähnlich vagen Faktizität wie bei Ufo- oder Nessie-Sichtungen – mit dem Unterschied freilich, dass bei den TLPs tatsächlich zuweilen ein reales Phänomen aufblitzen mag, überlagert allerdings von zahlreichen Falschmeldungen. »Von den etwa 1500 TLPs ist sicherlich ein großer Teil durch instrumentelle, atmosphärische oder physiologische Effekte zu erklären«, meint der Astronom Daniel Fischer von der Gesellschaft zur wissenschaftlichen Untersuchung von Parawissenschaften (GWUP). In zwei Fällen, die es bis in die astronomische Literatur brachten, entpuppten sich vermeintliche Blitze auf der Mondoberfläche als Erdsatelliten, die – just als sie vor dem Mond vorbeizogen – besonders stark die Sonne reflektierten.

Aber unter den 1500 Kandidaten scheinen immer noch genügend TLPs zu sein, die sich nicht wegdiskutieren lassen. Es können Blitze (so genannte Moonblinks) sein, aber auch flächenhafte Erscheinungen von längerer Zeitdauer, auch ein Glühen, Nebel, Farbänderungen oder Verdunklungen.

Im Mittel dauern TLPs etwa zwanzig Minuten, einige wurden aber auch für Stunden beobachtet. Offenbar sind manche Regionen auf dem Mond bevorzugt: Im Krater Aristarchus wurden allein 300 TLPs gemeldet, im Plato 75, im Alphonsus 25. Ein großer Teil der TLPs tritt in der Nähe des Terminators auf, also der Grenze von Tag und Nacht auf dem Mond, doch sie ereignen sich ebenso auf der hellen wie der dunklen Seite.

Vor allem aber ist charakteristisch: Kein TLP hat je eine permanente Veränderung auf der Mondoberfläche verursacht. Die Phänomene sind also wirklich »transient« (aus dem amerikanischen Englisch: »auf der Durchreise«).

Zur Erklärung der echten TLPs haben sich drei Hypothesen herauskristallisiert, die jeweils für einen Teil der Beobachtungen zu passen scheinen:

- TLPs sind Leuchterscheinungen durch einschlagende kleine Himmelskörper. Derartige Treffer ausreichender Größe sind zwar sehr selten, aber wenn sich der Mond mitten in eine Wolke aus Staubteilchen eines Kometen hineinbewegt, steigt die Impaktrate dramatisch an. Das war im

November 1999 der Fall, und die allergrößten derselben Kometenteilchen, die einen Meteorsturm in der Atmosphäre der Erde auslösten (die Leoniden), ließen es auch auf dem Mond blitzen. Mindestens ein halbes Dutzend extrem kurzer Blitze wurde visuell gesichtet und von Videokameras aufgezeichnet.

- TLPs haben etwas mit letzten Zuckungen geologischer Aktivität auf dem Mond zu tun und sind Ausgasungen, die sich piezoelektrisch entzünden. (Piezoelektrisch bedeutet: Viele biologische Substanzen erzeugen eine elektrische Spannung, wenn sie einem mechanischen Druck ausgesetzt werden.) – Dazu passt, dass sich die TLPs in geologisch instabilen Regionen des Mondes häufen, und auch die Konzentration entlang des Terminators wäre zu erklären, weil hier der Boden thermischem Stress unterliegt. Wenn sich dieser Aspekt erhärten lassen sollte, wäre er auch für die professionelle Mondforschung hochinteressant.
- TLPs sind Beleuchtungseffekte am Relief der Mondoberfläche. Wenn Sonne, Mond und Erde in einem ganz bestimmten Winkel zueinander stehen, dann können bestimmte Berg- oder Kraterhänge minutenlang als fast ideale Spiegel wirken und einen kurzlebigen hellen Fleck auf dem Mond verursachen. Der würde erst wiederkehren, wenn sich die Konstellation ganz präzise wiederholt.
- Am 9. Februar 2001 fand deswegen eine weltweite Beobachtungskampagne statt, um auf einen solchen »bestellten« TLP im Krater Torricelli B zu warten. Dort war 18 Jahre zuvor, als die relative Position von Mond, Sonne und Erde praktisch identisch war, ein TLP beobachtet worden – diesmal passierte jedoch nichts.

Noch verharrt das Phänomen – von den Leoniden-Blitzen 1999 abgesehen – in einer etwas unglücklichen Grauzone:

Es ist nicht zu 100 Prozent bewiesen, dass es überhaupt existiert, und es lässt sich nicht gezielt beobachten. Aber wenn es existiert, dann ist es von erheblichem wissenschaftlichem Interesse.

Stimmt es, dass im Strichcode auf den Warenverpackungen die Zahl des Teufels versteckt ist?

Was verbirgt sich eigentlich hinter dem Bar-, Strich- oder Balkencode auf fast allen Handelsartikeln (auch auf dem Rückentitel dieses Buches)?

Es handelt sich dabei um eine maschinenlesbare Darstellung der EAN, der »International Article Number« (früher »European Article Number«, deshalb das »E«).

Die EAN wird als »Zebrastreifen« auf die Verpackung aufgedruckt und beim Bezahlen an Scannerkassen von einem Laserscanner decodiert. Nutznießer ist in erster Linie der Handel, denn der Strichcode vereinfacht den Kassiervorgang und die inner- beziehungsweise zwischenbetriebliche Kommunikation.

Die ersten beiden Stellen der EAN sind das Länderkennzeichen, aus dem das Produkt kommt (zum Beispiel 40 bis 43 für Deutschland, 90 bis 91 für Österreich und 76 für die Schweiz).

Die nächsten fünf Zahlen beinhalten die Adresse des Herstellers beziehungsweise Lieferanten.

Die folgenden fünf Zahlen sagen etwas über den Artikel selbst aus. Beispielsweise können sie bedeuten: Pralinenmischung, 100 Gramm, Geschenkpackung.

Die letzte Ziffer ist eine Prüfziffer, die der elektronischen Datenverarbeitung als Sicherheit zur Verhinderung von Fehlern dient und nach einer bestimmten Formel aus den ersten zwölf Stellen berechnet wird.

Über den Strichcode kann also jeder Artikel identifiziert werden. »Für den Verbraucher hat die EAN keine allzu große Bedeutung«, erklärt das Europäische Verbraucherzentrum in Kiel. In diesem Punkt allerdings sind Verschwörungsfans und auch eine kleine Minderheit besorgter Christen aus dem charismatisch-fundamentalistischen Umfeld ganz anderer Auffassung.

Wieso?

Im letzten Buch der Bibel, der Offenbarung des Johannes (Apokalypse), steht in Kapitel 13 zu lesen: »Und es macht, dass sie allesamt, die Kleinen und Großen, die Reichen und Armen, die Freien und Sklaven, sich ein Zeichen machen an ihre rechte Hand oder an ihre Stirn, und dass niemand kaufen oder verkaufen kann, wenn er nicht das Zeichen hat, nämlich den Namen des Tieres oder die Zahl seines Namens. Hier ist Weisheit. Wer Verstand hat, der überlege die Zahl des Tieres; denn es ist die Zahl eines Menschen, und seine Zahl ist sechshundertsechsundsechzig.«

Die Rede ist hier vom »Großen Tier«, dem Antichristen, der in der Endzeit als Gegenspieler Jesu Christi auftritt.

Nun wimmelt es in der biblischen »Apokalypse« nur so von seltsamen Symbolen, rätselhaften Ereignissen und merkwürdigen Zahlenangaben. Und kein Text der Welt – nicht einmal die sagenumwobenen *Centurien* des Nostradamus – ist so vielfach für Endzeit-Fahrpläne missbraucht worden.

Kaum verwunderlich also, dass einzelne missionarisch gesinnte Christen Hand in Hand mit Verschwörungstheoretikern auch aus Kapitel 13 »Anhaltspunkte« fur die drohende Herrschaft des Teufels herauslesen.

Konkret soll es hier angeblich um die »Helferrolle der kapitalistischen Industrie bei der Ausbreitung des antichristlichen Lebens« gehen. Denn der Strichcode auf unseren Waren sei das vorausgesagte »Zeichen«, ohne das »niemand kaufen oder verkaufen kann«, wie es in der Johannesoffenbarung heißt. In dem aufgedruckten Zebrastreifen sei nämlich durchweg die »teuflische« Zahl 666 verborgen.

Und wo?

Die 13 Zahlen des EAN-Strichcodes sind zwar auch lesbar aufgedruckt – aber nur für uns Verbraucher. Der Scanner an der Kasse erfasst stattdessen die dünnen und dicken Linien und Balken des Strichcodes und berechnet daraus die EAN.

Für diesen Strichcode werden die Zahlen in so genannte Bitcodes umgewandelt. Das heißt stark vereinfacht: Jede Ziffer ergibt im Strichcode ein Muster aus abwechselnd weißen und schwarzen Streifen und Zwischenräumen von jeweils ganz spezieller Breite.

Am Anfang, in der Mitte und am Ende des Strichcodes ist darüber hinaus jeweils ein Paar dünner Striche zu sehen, die länger sind als die übrigen und die nach unten aus dem Strichcode herausragen. Bei diesen drei Doppelstrichen handelt es sich um eine Art Trennungsstriche. Sie geben keinen Zahlenwert an, sondern werden als Normung eingefügt, um den Lesegeräten Vergleichswerte für die Breite der folgenden Striche zu bieten.

So weit, so gut.

Da aber Endzeitprediger dazu neigen, in winzigen »Zeichen« viel zu sehen, versteigen sie sich zu der Behauptung, die drei Trennungsstriche würden so aussehen wie jene Striche, mit denen die Zahl 6 codiert wird. Und folgern daraus, dass bei jedem Bezahlvorgang an einer Supermarktkasse eine dreifache 6, also »666«, eingescannt werde, was die Erfüllung der alten biblischen Prophezeiung bedeute.

Was soll man dazu sagen?

Dass die drei Doppelstriche am Anfang, in der Mitte und am Ende des Balkencodes gar keinen Zahlenwert ergeben, sondern lediglich der Begrenzung dienen?

Dass es in der Sprache der Bibel, dem klassischen Hebräisch, gar keine Ziffern gab, sondern Zahlen stets in Buchstaben ausgeschrieben wurden – was bedeutet, dass in der Urschrift keine »666« steht, sondern eine Buchstabenfolge, und die dreifache Sechs lediglich die heutige Schreibung widerspiegelt? (Sehr wahrscheinlich ist die »Zahl des Tieres« in der Offenbarung des Johannes eine verschlüsselte Anspielung des Autors auf den römischen Kaiser Nero, den ersten großen Christenverfolger.)

Dass solche »Beweisführungen« von unanständig viel Interpretationsspielraum leben und die Resultate stets willkürlich oder zufällig sind?

Der Weltanschauungsbeauftragte der Evangelischen Landeskirche in Württemberg, der Theologe Dr. Hansjörg Hemminger, hat jedenfalls eine klare Meinung zu dieser religiösen Spökenkiekerei: »Niemand außer Gott allein – so sagt das Bild der biblischen Apokalypse – versteht den Gang und das Ende der Weltgeschichte. Hätten sich die zahllosen Seher und Sektierer, die sich bis zum heutigen Tag an der Johannesoffenbarung abmühen, diese Botschaft zu Herzen genommen – viel Unsinn wäre der Christenheit erspart geblieben.«

Was hat es mit der geheimnisumwitterten Zahl »23« auf sich?

Mit 14 Jahren bekommt der Computerfreak Karl Koch von seinem Vater das Buch *Illuminatus!* geschenkt. Der Illuminatenkult wird für den Gymnasiasten zu einer Art Religion. Während Karl immer tiefer in Verschwörungstheorien und weltweite Datennetze abtaucht, reagieren seine Freunde größtenteils mit Unverständnis auf Robert A. Wilsons verwirrende Parodie.

Daraufhin versucht Karl, ihnen die Existenz der Illuminaten zu beweisen, indem er beispielsweise auf die amerikanische Dollarnote verweist: Nach seiner Überzeugung ist das Porträt von George Washington eigentlich das Konterfei Adam Weishaupts, die Pyramide auf der Rückseite interpretiert er als Freimaurersymbol und Beleg für die Unterwanderung Amerikas durch die Illuminaten.

Und immer wieder stößt er auf die »23« – angeblich die magische Zahl des Geheimbundes. Schließlich ist Karl Koch davon überzeugt, dass sein Verstand von den Illuminaten manipuliert wird und er unfreiwillig zum Werkzeug ihrer Machenschaften geworden ist. Seine selbstzerstörerische Paranoia treibt ihn (23-jährig) in den Suizid.

Als irrwitzig-düsteres Spiel mit Ziffern und Zeichen inszenierte 1998 der deutsche Regisseur Hans-Christian Schmid seinen dokumentarischen Spielfilm *23 – Nichts ist so, wie es scheint*. Die Geschichte um den deutschen Hacker Karl Koch war authentisch – was aber hat es mit dem Illuminatenbund und der Zahl 23 tatsächlich auf sich?

In Dan Browns Weltbestseller *Illuminati* bildeten sich die Illuminaten um das Jahr 1500 in Rom aus »Italiens klügsten Köpfen – Physiker, Mathematiker und Astronomen«. Ihr führendes Mitglied sei Galileo Galilei gewesen. Brown stilisiert die Illuminaten zur »gefährlichsten antichristlichen Macht auf Erden«, denn im Untergrund habe sich der Geheimbund im Laufe der Zeit »mit anderen Gruppierungen vermischt, die allesamt von der katholischen Kirche verfolgt wurden – Mystikern, Alchemisten, Okkultisten, Muslimen, Juden«. So sei daraus eine tief antichristliche Bruderschaft geworden, eine »sehr mächtige, sehr geheime Sekte«.

Und in Wirklichkeit? Ein elitärer Club von harmlos-naiven Weltverbesserern. Mehr vermag die seriöse Geschichtswissenschaft im »Bund der Illuminaten« nicht zu erkennen, der sich im letzten Viertel des 18. Jahrhunderts in Bayern entwickelte.

Am 1. Mai 1776 rief der Professor für Kirchenrecht und Philosophie Adam Weishaupt an der Universität Ingolstadt einen studentischen Lesezirkel ins Leben, der sich zunächst »Perfectibilisten« nannte – eine Art Stammtisch seiner besten Schüler. Daraus entstand der Geheimbund der Illuminaten (»Erleuchtete«, in der eigenen Lesart der akademischen Mannen »Streiter gegen Finsternis«), der im Verborgenen gegen die traditionelle religiöse und politische Autorität zur Zeit des fürstlichen Absolutismus intrigierte.

Allerdings mit sehr wenig Erfolg. Weishaupt und seine Kameraden waren wohl kaum mehr als »Utopisten im guten wie im lächerlichen Sinne«, sind sich die Historiker heute einig – ein verschrobener Stubenhocker-Bund mit Pflicht zur Geheimhaltung und aufklärerischem Programm, der 1785 vom bayerischen Kurfürsten Karl Theodor kurzerhand verboten und aufgelöst wurde.

Aber anscheinend bilden die Illuminaten bis in unser 21. Jahrhundert hinein eine willkommene Projektionsfläche für kollektive Ängste. Ihre Weltkarriere als »virtuelle Verschwörer« verdanken sie wohl zuvörderst der Tatsache, dass sie von jedem zu jedem Zweck eingesetzt werden können.

»Der Vorteil eines offenen, nicht präzise definierten Begriffs wie ›Die Illuminati‹ ist, dass man ihn mit jeder beliebigen Bedeutung füllen kann«, erklärt der Politologe Michael Barkun von der Maxwell School der Universität Syracuse. »Man kann die Illuminaten also entweder zu fanatischen Antikatholiken oder zu fanatischen Katholiken machen ... Der Begriff ›Illuminati‹ ist so vage, dass man sie mit nahezu jeder Gruppierung in Zusammenhang bringen könnte, ohne befürchten zu müssen, auf Widerspruch oder Kritik zu stoßen.«

Neben Dan Browns *Illuminati* und Robert Anton Wilsons kauziger Romantrilogie *Illuminatus!* ist *23* das wohl populärste Beispiel für die seltsame Faszination, die von den »Erleuchteten« bis heute ausgeht.

Im *Lexikon der Verschwörungstheorien* (Eichborn Verlag, Frankfurt 2000) ist dem »23-Rätsel« ein ganzer Eintrag gewidmet – allerdings in der erklärten Absicht aufzuzeigen, »wie viel Merkwürdigkeit man dem Zufall in die Schuhe schieben kann, bevor es anfängt, hohl zu klingen, und man den rutschigen solipsistischen Abhang hinabschlittert, dorthin, wo man finstere Absichten hinter allem und jedem sieht«. (Solipsismus = eine philosophische Lehrmeinung, nach der nur die rein subjektive Erkenntnis »wahr« ist; Anm. d. Autors.)

Als Beispiele zählt der Lexikoneintrag unter anderem auf:

- Der Buchstabe W ist der 23. im Alphabet und hat zwei Spitzen, die nach unten zeigen, und drei, die nach oben zeigen.
- Das Amtsenthebungsverfahren gegen Richard Nixon fand gemäß Artikel 2, Absatz 3, der US-Verfassung statt.
- Die Vereinigten Staaten zündeten 23 Atombomben über dem Bikini-Atoll im Pazifik.
- Die erste Primzahl, in der beide Ziffern Primzahlen sind und eine weitere Primzahl ergeben, ist 23.
- Die Adresse der Freimaurerloge in Stafford, England, ist 23 Jaol Road. In New York City ist sie in der 23. Straße.

Dass die 23 auch als »magische Zahl« der Illuminaten gilt, ist indes nicht mehr als ein Trivialmythos aus den *Illuminatus!*-Büchern von Robert A. Wilson. Als eigentlicher Erfinder der 23-Manie gilt der 1997 gestorbene Ex-Playboy-Redakteur und Autor William S. Burroughs *(Naked Lunch)*, der in seiner Kurzgeschichte »23 Skidoo« erstmals die unschuldige Zahl mystifizierte.

Wie kam der Popliterat darauf? Angeblich durch einen kuriosen Vorfall: Burroughs kannte einen Kapitän Clark, der eine Fähre von Tanger nach Spanien schipperte. Eines Abends sagte Clark zu Burroughs, dass er nun 23 Jahre lang unfallfrei gefahren sei. Noch am selben Abend sank das Schiff. Clark kam dabei ums Leben.

Stimmt es, dass auf dem amerikanischen 1-Dollar-Schein die Symbole der Illuminaten abgebildet sind?

Die amerikanische 1-Dollar-Note ist für die Anhänger der Illuminaten-Weltverschwörung der Beweis dafür, dass der Geheimorden als allmächtige Schattenregierung auch heute noch existiert – eigentlich wenig verwunderlich, da der 1-Dollar-Schein ohnehin das Symbol für den Kapitalismus (und damit für »das Böse« schlechthin) ist. Konkret macht sich dieser typische Kick in der Zwielichtzone des Verschwörungsdenkens an folgenden Punkten fest:

- Auf der Vorderseite des Geldscheins prangt das Porträt George Washingtons. Falsch – behaupten Konspirologen. In Wahrheit handele es sich um den Illuminatenchef Adam Weishaupt. Denn Washington sei während seiner Amtszeit ermordet und planvoll durch Weishaupt ersetzt worden, der nach Amerika geflohen war. Ein weiterer »Beweis« für diese These: Sowohl die Gründung der Illuminaten als auch die amerikanische Unabhängigkeitserklärung und damit die Geburtsstunde der USA datieren auf das Jahr 1776.

Was ist an dieser Behauptung dran?

Auf repräsentativen zeitgenössischen Gemälden von George Washington und Adam Weishaupt ist auch bei gutwilliger Betrachtung kaum eine Ähnlichkeit der beiden Personen zu erkennen – und schon gar keine »verblüffende«, wie Verschwörungsfans behaupten. Dafür lässt sich das Washington-Konterfei auf der Dollarnote recht eindeutig auf die Arbeiten des Bildnischronisten Gilbert Stuart zurückführen, der 1795 und 1796 einige Porträts des ersten US-Präsidenten malte. Das bekannteste davon ist im Museum of Fine Arts in Boston zu sehen. Außerdem war der Illuminatenorden anno 1776 noch wenig mehr als eine harmlos-verstiegene Idee ohne nennenswerten Organisationsgrad.

- Die Pyramide auf der Rückseite der Dollarnote (als Teil des großen Staatssiegels der USA = »The Great Seal«), die aus 13 Stufen besteht und deren Spitze ein Dreieck mit einem strahlenden Auge bildet, entspreche genau dem Siegel des weishauptschen Illuminatenordens.

Was ist an dieser Behauptung dran?

Zum einen gibt es keine Belege dafür, dass die Illuminaten besondere Symbole benutzten. Wer also dem ehemaligen Ingolstädter Geheimbund erstmals die Pyramide als »Siegel« zuschrieb und aus welchen Gründen, ist nicht nachvollziehbar. Tatsache ist, dass das »allsehende Auge« als Abschlussstein einer Pyramide in der zweiten Hälfte des 18. Jahrhunderts ein freimaurerisches Symbol war. Nachweisbar ist auch, dass von den Politikern, die 1782 im US-Kongress das Staatssiegel festlegten, Benjamin Franklin sowohl einer Freimaurerloge als auch den Rosenkreuzern angehörte.

Und man darf davon ausgehen, dass noch weitere Männer, die den Idealen der Freimaurer verpflichtet waren, entscheidend am Aufbau der Vereinigten Staaten von Amerika mitwirkten.

Allerdings gibt es den 1-Dollar-Schein in seiner heutigen

Gestaltung erst seit 1935 – und das dreieckige »allsehende Auge« ist nicht von den Freimaurern erfunden worden, sondern ein uraltes christliches Symbol für die göttliche Dreifaltigkeit, das oft in Kirchen zu sehen ist (zum Beispiel am Aachener Dom).

Die offizielle Erklärung für die Symbolik der 1-Dollar-Note ist denn auch eine ganz andere: Die Pyramide sei ein Sinnbild der Stärke und Beständigkeit, allerdings nicht vollständig, der Schlussstein, die Spitze, fehlt noch. Dies sei ein Zeichen dafür, dass die Vereinigten Staaten noch im Begriff seien, zu wachsen und noch größer zu werden. Unter dem Auge Gottes sollen geistige Entfaltungsmöglichkeit, Bildung und Freiheit der Wissenschaft gewährleistet sein.

Die 13 Stufen der Pyramide entsprechen nicht den verschiedenen Rängen innerhalb des Illuminatenordens beziehungsweise den Stufen der Erleuchtung, sondern der Anzahl der Kolonien, die am 4. Juli 1776 ihre Unabhängigkeit von Großbritannien erklärten und damit den Grundstein für den neuen Staatenbund legten. Darauf weist auch die römische Jahresangabe »MDCCLXXVI« (= 1776) am Fuß der Pyramide hin.

- Das Spruchband unter der Pyramide »Novus Ordo Seclorum« (»Neue Weltordnung«) bekräftige die Absicht der Illuminaten, durch Unterwanderung aller wichtigen Machtzentren die Weltherrschaft zu erlangen.

Was ist an dieser Behauptung dran?

»Novus Ordo Seclorum« heißt übersetzt mitnichten »Neue Weltordnung«, sondern »Die neue Ordnung der Zeiten«. Dieses Motto geht zurück auf den römischen Dichter Vergil, der in seiner 4. Ekloge (zirka 40 v. Chr.) die »Geburt eines neuen Weltenjahres« ausrief.

Auch die Gründer der Vereinigten Staaten von Amerika sahen 1776 ein neues Zeitalter aufgehen: eine Ära, in der die Menschenrechte »life, liberty and the pursuit of happiness« verwirklicht werden sollten. Schon seit Beginn der Kolonisation Amerikas war der Gedanke bestimmend gewesen, in der »Neuen Welt« eine vorbildliche religiöse, politische und gesellschaftliche Ordnung zu schaffen.

Kann man einen Wahrsager, der sich irrt, verklagen?

Jedem Anfang wohnt ein Zauber inne, heißt es. Das mag ganz besonders für eine neue Beziehung gelten. Was aber, wenn die Magie verfliegt?

In populären Mysteryserien ist das ganz einfach: »Ich suche dich, ich suche dich«, murmeln da zum Beispiel die *Zauberhaften Hexen (Pro Sieben)* vor sich hin: »Komm zu mir und liebe mich! Du sollst es sein, werde jetzt mein!« Schon entflammt der Angebetete in Leidenschaft.

Und im richtigen Leben?

Zahlte eine Frau aus Augsburg einer Wahrsagerin 1280 Euro, die mit »Kartenlesen, Partnerschaftszusammenführungen« warb. Die Kundin bekam von der Wahrsagerin ein »Geheimkonzept« überlassen – das aus einer Anleitung zur Herstellung eines Talismans und dessen korrekter Beschwörung bestand. Doch etwas an dem Zauber war wohl faul. Die Beziehungsprobleme blieben, und die Frau zog vor Gericht.

Mit Erfolg: Schon in erster Instanz verurteilte das Amtsgericht Augsburg die Kartenlegerin zur Rückzahlung des Honorars. Begründung: »Die Anleitung zum Bau eines Talismans mit den Ritualen zu dessen Beschwörung ist nach dem maßgeblichen Stand der Wissenschaft und Technik völlig ungeeignet, auch nur im Ansatz zur Lösung der Eheprobleme der Klientin beizutragen.«

Gleiches gelte für das Kartenlesen und die Beratungsgespräche auf »dieser insgesamt irrationalen Basis«.

Die Wahrsagerin wollte sich mit dieser Niederlage allerdings nicht abfinden und ging in Berufung. Die 1280 Euro habe sie nicht für den Talisman verlangt, sondern dafür, dass sie der Frau über drei Monate hinweg die Karten gelegt und sie persönlich beraten habe. Ihr Lebensgefährte als Zeuge bestätigte diese Aussage: Das Honorar sei weder für »weiße Magie« noch konkret für die »Geheimanweisung« geflossen.

Überzeugen ließ sich die 4. Zivilkammer des Landgerichts Augsburg bei dem Prozess im Juli 2003 indes nicht. Vor allem weil der Zeuge zugeben musste, dass er bei den »Beratungsgesprächen« nicht mit anwesend war. Die Richter bestätigten deshalb das Urteil aus erster Instanz. Die Entscheidung ist rechtskräftig, eine Revision wurde nicht zugelassen.

Drei Monate zuvor hatte das Frankfurter Amtsgericht eine 45 Jahre alte »Hexe« wegen Betrugs mit »schwarzer Magie« zu zwei Jahren Haft auf Bewährung verurteilt. Die kaufmännische Angestellte hatte vier Frauen weisgemacht, sie könne deren Beziehungsprobleme mit magischen Kräften in den Griff bekommen – und dafür insgesamt 63 500 Euro kassiert. Der Vorsitzende Richter bezeichnete die Taten der »Hexe« als »dreistes Ding«, die Versprechungen seien »der reinste Hokuspokus« gewesen.

Ob »Partnerzusammenführung«, »Zukunftsdeutung«, »Schutzmagie«, »Geschäftsmagie« oder »Glück«, »Reichtum und Wohlstand«: Wühlt man sich durch den Kleinanzeigenteil von Zeitungen und Illustrierten, scheinen wir alle Wünsche frei zu haben. Allerdings nicht honorarfrei, versteht sich. Sogar die (mittlerweile zum Wellness-Blatt gewendete) Szenezeitschrift *Esotera* sah sich daher zu einer

Warnung vor den »hellsehenden Dunkelmännern« genötigt: »Nimmt man das Angebot ernst, wird man garantiert geschröpft.«

Auch an das Zentrum für Wissenschaft und kritisches Denken der Skeptikerorganisation »Gesellschaft zur wissenschaftlichen Untersuchung von Parawissenschaften« (www.gwup.org) werden hin und wieder Anfragen nach »empfehlenswerten« oder »seriösen« Hellsehern und Magiern gerichtet. Dass es diese gar nicht gibt, ist nicht zuletzt in zahlreichen Gerichtsurteilen nachzulesen.

So führte das Landgericht Kassel (1 S 491/84) bei einem Prozess über »Partnerzusammenführung durch Magie« aus:

»Die … Leistung war jedoch von Anfang an objektiv unmöglich, weil niemand den Freund der Klägerin ohne Kontaktaufnahme – allein durch eine mentale Beeinflussung über eine große Entfernung hinweg – zur Klägerin zurückführen kann … Da die von der Beklagten behaupteten magischen Kräfte nicht existieren, mithin die Beklagte den Freund der Klägerin nicht durch magische Kräfte zu einer Rückkehr veranlassen konnte, ist die von der Beklagten geschuldete Leistung objektiv unmöglich … Die von der Beklagten behaupteten magischen Kräfte sind nicht beweisbar; sie gehören lediglich dem Glauben oder Aberglauben, der Vorstellung oder dem Wahne an …

Selbst wenn man unterstellt, die Unmöglichkeit der von der Beklagten geschuldeten Leistung sei nicht offenkundig, so tritt zumindest eine Umkehr der Beweislast ein: Wer sich auf parapsychologische Tatsachen beruft, deren Existenz jeglicher Lebenserfahrung widerspricht und deren Existenz auch durch naturwissenschaftliche Forschungen bislang nicht nachgewiesen werden konnte, den trifft die Beweislast für diese Tatsachen. Es ist nicht Aufgabe eines Skeptikers, jede absurde Behauptung zu widerlegen …«

Nach Paragraph 306 BGB ist ein »auf unmögliche Leistung gerichteter Vertrag ungültig«. Heißt: Ob Wunderheilung, Astrologie oder Magie jeglicher Art: Wenn es nicht den geringsten Nachweis dafür gibt, dass die Erbringung einer Leistung überhaupt möglich ist, dann ist der Vertrag nichtig.

Vor dem Amtsgericht Nürnberg verklagte 1999 ein Mann eine »Magierin«, die in einem Inserat »magische Hilfe aus der 4., 5. und 6. Dimension« versprochen hatte: »Engelgleiche Wesen helfen auch Ihnen!« Da der »auf diese Weise zustande gekommene Vertrag auf eine objektiv unmögliche Leistung gerichtet« war, verurteilten die Richter die »Magierin« zur Rückzahlung von damals 600 D-Mark Honorar. Denn:

»Nach dem derzeitigen Stand der Wissenschaft existieren weder engelgleiche Geistwesen, die bei der Lösung von Problemen helfen, noch ist magische Hilfe aus der 4., 5. und 6. Dimension zu erwarten. Ein Vertrag, in dem sich eine Partei zum Einsatz magischer Kräfte oder Vermittlung magischer Kräfte verpflichtet, ist wegen offenkundiger Unmöglichkeit der Leistung nichtig.« (18 C 3560/99)

Allerdings: Wenn der Klient das vorher weiß und trotzdem – in Kenntnis aller Umstände – bezahlt, kann er das Geld nicht zurückfordern. Denn Paragraph 814 BGB hält fest: »Das zum Zwecke der Erfüllung einer Verbindlichkeit Geleistete kann nicht zurückgefordert werden, wenn der Leistende gewusst hat, dass er zur Leistung nicht verpflichtet war ...« Im skizzierten Fall in Nürnberg hatte der Mann Glück: »Zwar kannte der Kläger alle Tatsachen und Umstände, aus denen sich das Fehlen einer rechtlichen Verpflichtung ergibt. Die insoweit darlegungs- und beweispflichtige Beklagte hat aber nichts dazu vorgetragen, dass der Kläger die Leistung freiwillig in Kenntnis der Nichtschuld erbracht hat.«

Nicht selten indes fällt es »bei derartigen Fällen schwer, eine Entscheidung zu fällen, ob eher ein Lachen oder Weinen angebracht ist«, heißt es auf der Internetseite www.rechte-online.de, wo als »wahrer Strafrechtsklassiker« der so genannte Sirius-Fall vorgestellt wird:

»Die als unselbstständig und komplexbeladen beschriebene 23-jährige F. lernte den Mann M. in einer Diskothek kennen, dem sie sehr schnell ihr Vertrauen schenkte und blindlings glaubte.

So glaubte sie ihm auch seine Erzählungen, dass er vom Stern Sirius stamme und auf die Erde gesandt wurde, um einigen wertvollen Menschen – darunter auch F. – nach dem Zerfall ihres Körpers ein Weiterleben auf dem Stern Sirius zu ermöglichen.

Dafür müsse sie aber einen Betrag von DM 30 000 an den ihm bekannten Mönch Uliko zahlen, der sich dann in totale Meditation versetzen würde und ihr dadurch das Durchleben mehrerer Bewusstseinsebenen ermögliche. Von der Richtigkeit dieser Angaben überzeugt, nahm F. einen Kredit in dieser Höhe auf und übergab das Geld dem M., der dieses alsbald ausgab.

Später machte M. der F. deutlich, dass sie auch auf dem Stern Sirius zum Leben Geld benötige und es am einfachsten sei, wenn sie eine Lebensversicherung abschließe und ihn als Bezugsberechtigten einsetzte. Er würde ihr die Summe nach ihrem Tod dann auf Sirius wiedergeben. So geschah es, und F. war bereit zu sterben.

Doch M. setzte noch eins drauf: Er erzählte F., dass sie nach ihrem Tod am Genfer See aufwachen werde und dann ein Startkapital von DM 4000 benötige. Bereitwillig übergab sie ihm auch dieses Geld in bar.

Nun suchten beide nach einer Möglichkeit, F. aus dem Leben scheiden zu lassen, um die Versicherungssumme zu erhalten. Es musste ja wie ein Unfall aussehen. Ein vorgetäuschter Autounfall blieb ohne die gewünschte Folge. Sodann versuchte F. mehrmals, sich mit Hilfe eines Föns in der Badewanne umzubringen. Aus ›technischen Gründen‹ verspürte F. jedoch immer nur ein ›Kribbeln‹ am Körper, sodass auch dieser Versuch – trotz Anweisung von M. per Telefon – fehlschlug.

Da M. nun das Bestreben für aussichtslos hielt, nahm er nunmehr Abstand von weiteren Versuchen.

M. wurde verurteilt zu einer Freiheitsstrafe von sieben Jahren wegen versuchten Mordes, Betrugs, Körperverletzung, Verstoßes gegen das Heilpraktikergesetz in Tateinheit mit unbefugter Führung akademischer Grade.«

Unglaublich? »Not lehrt nicht nur beten, sondern unter Umständen auch glauben an die Magie«, heißt es im Materialdienst der Evangelischen Zentralstelle für Weltanschauungsfragen (EZW) in Berlin.

Allerdings ist bis jetzt noch kein einziges Beispiel bekannt geworden, bei dem ein »Hellseher« oder »Magier« für Glück und Wohlstand gesorgt hätte – außer bei sich selbst. Das ist auch wenig verwunderlich, denn kritische Experten halten »Wahrsagen« für wenig mehr als eine Mischung aus guter Menschenkenntnis und vernebelnden Psychotechniken, die auf die unbewusste Zustimmungsbereitschaft der meisten Klienten trifft.

Stimmt es, dass der Untergang der »Titanic« vorhergesagt worden ist?

Schon öfter haben wir von Menschen gehört, die wegen eines »unguten Gefühls« nicht ins Flugzeug oder in die Eisenbahn gestiegen sind oder eine Schiffsreise storniert haben. In äußerst seltenen Fällen gab es dann tatsächlich ein

Unglück – in aller Regel aber nicht. Die Furcht vor einem bestimmten Flug oder einer Reise kann schlicht bedeuten, dass der Betreffende sich an diesem Tag körperlich oder seelisch nicht fit fühlt. Oder er ist nervös, weil in naher Zukunft ein Ereignis ansteht, das ihm Sorgen bereitet.

Aber was ist damit: 1898 malte der Schriftsteller Morgan Robertson in seinem Roman *Futility – The Wreck of the Titan* (in deutscher Übersetzung mit dem Titel *Titan – Eine Liebesgeschichte auf hoher See* erschienen) die Geschichte eines Luxusdampfers aus, der auf seiner vierten Fahrt über den Atlantik mit einem Eisberg zusammenstößt und sinkt. 14 Jahre später ereilte dieses Schicksal die »Titanic« bei ihrer Jungfernfahrt. Robertsons »Titan« hatte eine Verdrängung von 70 000 Tonnen, war 213 Meter lang und machte 24 bis 25 Knoten. Die echte »Titanic« hatte fast dieselben Daten, war 270 Meter lang und verdrängte 60 000 Tonnen. Beide Schiffe konnten etwa 3000 Menschen an Bord nehmen, während Rettungsboote nur für einen geringen Teil der Passagiere zur Verfügung standen. Auch das Schiff im Roman wurde im Vorfeld der Reise für unsinkbar gehalten.

Übersinnlich? Kaum, sondern eher gründliche Recherche. Schließlich unterstellt auch dem Schriftsteller Jules Verne niemand übersinnliche Fähigkeiten, obwohl er in seinen phantastischen Erzählungen schon um 1900 die Mondlandung und atomar betriebene U-Boote vorwegnahm. Allerdings sollen auch viele andere Menschen den Untergang der »Titanic« vorausgesehen haben, darunter der Journalist William Thomas Stead.

Richtig ist, dass der damals sehr bekannte Autor W. T. Stead in den 1880er Jahren die Geschichte »How The Mail Steamer Went Down in Mid-Atlantic« veröffentlichte. Darin stoßen zwei Schiffe im Atlantik zusammen. Viele Menschen kommen ums Leben, weil es zu wenig Rettungsboote gibt.

Dass Stead sich jedoch keineswegs als Prophet sah, beweist die Tatsache, dass er selbst sich am 10. April 1912 als Passagier der »Titanic« in Southampton einschiffte – und bei der Katastrophe fünf Tage später den Tod fand. Außerdem: Die »Titanic« wurde nach einem revolutionären Konzept gebaut, sodass die Jungfernfahrt des angeblich unsinkbaren Dampfers ein Medienereignis ersten Ranges darstellte. Es ist also kaum überraschend, dass viele Menschen sich gedanklich damit beschäftigten und einige von ihnen das Schlimmste erwarteten. Als dies tatsächlich eintrat, sah es so aus, als hätten sie das Unglück auf mysteriöse Weise vorhergesehen.

»Eine Kenntnis um künftige Dinge im Sinne einer kognitiven Sicherheit des Wissens gibt es nicht«, erklärt auch der Parapsychologe Dr. Elmar R. Gruber – obwohl er im Gegensatz zu den Skeptikern Präkognition (Vorausschau, Vorherwissen) zu den »am besten abgesicherten paranormalen Fähigkeiten« zählt (siehe auch Wissenschaftliches: »Ist Parapsychologie eine Wissenschaft?«).

In der Praxis aber sind solche Fähigkeiten – selbst wenn es sie tatsächlich geben sollte – schlicht wertlos, denn: »Spontane präkognitive Eindrücke sind unklar und von den Erlebenden selten als solche zu erkennen. Allein die Beunruhigung, die manchmal mit ihnen einhergeht, hinterlässt den Eindruck, eine Vorahnung erlebt zu haben ... Tatsächlich kann man nicht von Vorauswissen oder von Vorausschau sprechen. In der Phänomenologie der Präkognition spielen zwar bildhafte Eindrücke in Form von Visionen, Halluzinationen oder Träumen eine wichtige Rolle, die präkognitive Information ist darin aber meist in einen umfassenderen visuellen Eindruck eingebettet. Sie ist Teil von Vorstellungsbildern, die sich aus Fantasien und Erinnerungen speisen, und kann vor dem Eintreten nicht aus diesen herausgelöst werden.«

Anders gesagt: Auf Prophetien ist nie Verlass. Kein »Prophet«, kein »Sensitiver« kann unterscheiden, ob seine Eindrücke sich auf etwas Faktisches beziehen oder reine Einbildung sind.

Wie kommen Geisterstimmen auf ein Tonband?

Anhänger des Spiritismus sind davon überzeugt, »Geister zu beschwören, ihnen Fragen zu stellen und geistlose Antworten zu bekommen«, schreibt der amerikanische Aberglauben-Aufklärer James Randi in seinem *Lexikon der übersinnlichen Phänomene* (Heyne Verlag, München 2001) lapidar. Als Resonanzgeräte für den heißen Draht ins Jenseits werden traditionell Tische, Ouija-Bretter, umgedrehte Gläser oder eben auch Tonbandgeräte hergenommen – Letztere seit 1959, als der Schwede Friedrich Jürgenson im Garten seines Hauses Vogelstimmen aufnahm, beim Abspielen aber plötzlich den Satz »Friedrich, du wirst beobachtet!« zu vernehmen glaubte.

»Ich spürte ein überwältigendes Verlangen, einen Kontakt mit jemand oder etwas Unbekanntem herzustellen«, erzählte Jürgenson später. Der Schwede war davon überzeugt, dass die Stimme auf dem Tonband transzendentaler Natur sei, also von »drüben« komme. Gemeinsam mit dem in Deutschland lebenden Konstantin Raudive und dem Engländer Colin Smythe begründete Jürgenson die Tonbandstimmenforschung, eine Art Existenzphilosophie moralisch-pseudoreligiösen Inhalts.

Denn wirklich brauchbare Informationen sind den größtenteils nur bruchstückhaften und sehr schwer hörbaren »Einspielungen« der modernen Spiritisten nicht zu entnehmen; die »Geister« stammeln meistens einsilbig daher und lassen eher den Gedanken aufkommen, das Jenseits sei etwa so spannend wie ein »Ballermann«-Urlaub im Winter. Jedenfalls wissen wir immer noch nicht, wer Jack the Ripper war oder wie Uwe Barschel starb.

Möglicherweise liegt das daran, dass »Tonbandstimmen« mitnichten Äußerungen von Verstorbenen oder höheren Wesen sind, sondern nur ein Phänomen unserer begrenzten und fehlbaren Sinneswahrnehmung. Experten kennen zwei Methoden der Tonbandstimmenforschung:

Die erste besteht darin, dass man das Tonbandgerät (natürlich ist auch ein Kassettenrekorder geeignet) mit einem Mikrophon verbindet und auf »Aufnahme« stellt. Dann stellt man eine Frage, etwa: »Hörst du mich in deinem dunklen Raum?«, und lässt das Band weiterlaufen, 15, 20 oder auch mehr Sekunden. Nun spult man zurück bis zum Startpunkt und hört sich das Band an – »nicht einmal, nein, mehrmals, bis zu 15-mal, denn man muss sich einhören« (zitiert nach *Stimmen aus dem Jenseits* von Andreas Gertler und Wolfgang Mattig, Verlag Neues Leben, Berlin 1992).

Die zweite Methode besteht darin, das Tonbandgerät an ein Radio anzuschließen und das so genannte weiße Rauschen einer nicht vergebenen Frequenz auf Mittel- oder Kurzwelle aufzunehmen und anschließend konzentriert nach »Botschaften« abzuhören.

Wer sucht, der findet natürlich auch – allerdings keine Geisterstimmen. Aber was dann? Sagen wir einfach: Geräusche, die auf mindestens drei verschiedene Arten zustande kommen können:

1. *Rauschen:* Rauschen entsteht durch thermische Bewegungen von Elektronen in elektrischen Leitern und Halbleitern (Transistoren, Dioden etc.). Dieses Rauschen nimmt mit der Temperatur zu. Die Geräusche, die nach der oben beschriebenen Prozedur beim Abspielen des Tonbands oder der Kassette zu hören sind, haben mithin zwei Quellen: Es

handelt sich zum einen um das Rauschen der Elektronen, zum anderen um das Rauschen, das entsteht, wenn ein leeres Band am Tonkopf vorbeigleitet.

Ein Magnetband besteht nämlich aus winzigen magnetisierbaren Partikeln (Eisen, Eisenoxyd, Kobalt, Nickel), die auf einem Kunststoffband aufgebracht sind. Da die magnetisierbaren Partikel nicht beliebig klein hergestellt werden können (sonst würden sie sich kaum mehr magnetisieren lassen), entsteht eine gewisse magnetische Rauigkeit. Hört man sich nun kurze Passagen dieses Rauschens immer wieder an, kann der Eindruck entstehen, dass ein sinnvolles Geräusch darin steckt.

2. *Magnetisches Kopieren:* Nimmt man auf ein leeres Band oder eine unbespielte Kassette ein kurzes Stück auf und lässt dieses Band längere Zeit liegen, dann kopiert sich die magnetische Information auf benachbarte Wickelschichten.

Dadurch kann man später beim Abspielen Töne an Stellen hören, die eigentlich leer sein müssten. Da tiefe Frequenzen mit größerer Amplitude aufgezeichnet werden, werden hauptsächlich diese kopiert und die »Geisterstimme« klingt eindrucksvoll dumpf.

3. *Mischen:* An so genannten nichtlinearen elektronischen Bauteilen wie zum Beispiel Transistoren und Dioden kommt es zu einem unfreiwilligen »multiplikativen Mischen«, also einer speziellen Form der Vervielfältigung von elektrischen Signalen.

Wenn etwa ein amplitudenmoduliertes Hochfrequenzsignal (Rundfunk, Kurzwelle, CB-Funk oder Ähnliches) in den Mikrophoneingang eines qualitativ nicht sehr hochwertigen Tonbandgeräts gelangt, dann mischt sich das Rundfunksignal mit der Information auf dem Band, sodass später Musik oder Sprache zu hören ist – je nach Tageszeit und

Frequenzband sogar Russisch oder Arabisch, was bei Tonbandstimmen-Fans fast zwangsläufig zu einer Interpretation als »Geisterstimme« führt.

Wieso wollen junge Mädchen Hexen sein?

Jung, attraktiv, funky – mit einem Wort: Hexe.

Unglaublich? Aber wahr.

Keine alten, knöchernen Gestalten mit ungepflegtem Äußeren und dubiosen Absichten prägen die Hexe der neuen Generation – sondern junge Mädchen und Frauen mit Sex-Appeal und Power. »Buffy« aus der gleichnamigen TV-Serie zum Beispiel. Oder »Sabrina«. Oder die drei Schwestern Prue, Piper und Phoebe aus *Charmed – Zauberhafte Hexen*.

Im Mittelpunkt der Comicgeschichten *W.I.T.C.H.* stehen die Hexen Will, Irma, Taranee, Cornelia und Hay Lin – »fünf Mädchen, 13 und 14 Jahre alt, jede ein echt starker Typ, einzigartig ... genau wie du!«, buhlt die Werbung für das »magische Mädchenmagazin« um kaufkräftige Leserinnen.

Genau wie du? Was soll das heißen? Wieso will ein modernes junges Mädchen eine »Hexe« sein?

Schlicht gesagt: Um frei zu sein von Sorgen und Beschränkungen. Nicht umsonst zielt die aktuelle Popularisierung und Vermarktung des Hexenthemas vor allem auf junge Mädchen zwischen 10 und 16 Jahren. In dieser Altersgruppe sind Okkultismus und Magie besonders gefragt – ob bei Liebeskummer, Schulsorgen oder Weltschmerz. Die »neue Hexe«, analysiert Matthias Pöhlmann vom Referat Esoterik bei der Evangelischen Zentralstelle für Weltanschauungsfragen (EZW), »dient weiblichen Teenagern oft als Identifikationsfigur, um sich der eigenen Bedeutung bewusst zu werden und Probleme auf magisch-spielerische Weise lösen zu können«.

Und das sieht dann zum Beispiel so aus: »Dieser Hexenspruch verwandelt das ganze Leben in eine Riesenparty, und du bist herzlich eingeladen!«, kann die geneigte Teeniehexe dem Taschenbuch *Wie du deinen Ex-Prinzen in eine Kröte verwandelst und andere Hexensprüche für böse Mädchen* aus dem renommierten dtv-Verlag entnehmen.

Und wie funktioniert der »Party-Girl-Spruch«? »Die beste Wirkung erzielst du an einem Neumondabend«, erklären die Autorinnen Deborah Gray und Athena Starwoman. »Suche dir einen ruhigen Platz … Lege das Notizbuch und den Stift auf einen Tisch und setze dich bequem hin. Schließe deine Augen und, nachdem du ein paar Mal tief durchgeatmet hast, stelle dir vor, du seist von einem weißen Licht umgeben.

Spüre, wie dieses Licht dich beruhigt und mit Glück erfüllt. Denke nun an etwas, das du in deiner Freizeit gern unternehmen würdest – auf eine schöne Reise oder eine riesige Party gehen vielleicht oder neue und interessante Leute treffen. Wenn du dir ausgesucht hast, was du am liebsten tun würdest, dann schreibe dieses Ereignis in dein Notizbuch und erkläre genau, wie du es dir vorstellst.

Sieh und fühle, wie alles um dich herum abläuft, und sprich die folgenden Worte: Zu meiner Rechten und zu meiner Linken, über mir und unter mir, erwecke ich den Geist der Natur in meinem Inneren.«

Von richtiger Hexerei ist denn auch kaum etwas zu entdecken in den diversen »Hexenratgebern«. Stattdessen geht es um »Anregungen für eine Generation, die in einer Crossover-Kultur lebt und die mit ihrer Identität experimentiert, um ihre Potenziale auszuloten«.

So jedenfalls stellte der Ehapa-Verlag die Comicserie

W.I.T.C.H. 2001 der Presse vor. Bei Licht besehen erschöpft sich dieses »Ausloten von Potenzialen« indes im Umarmen von Bäumen und im magischen Bezirzen von Jungs.

So ließ sich etwa die Münchner Junghexe Bettina in dem bunten Popblatt *Mädchen* bereitwillig über ihre »außergewöhnlichen« Fähigkeiten aus: »Mit Hexenkraft die Jungs verzaubern« war der Artikel neckisch überschrieben, und da durften natürlich auch »Rezepte, mit denen du deinen Traumboy erobern kannst«, nicht fehlen.

Das las sich dann so: »Liebesöle sorgen für eine mit Liebe erfüllte Atmosphäre ... Frösche bringen Liebesglück. Schenk deinem Schwarm einen Frosch (aus Stoff, Ton oder Glas) und wünsch dir ganz fest etwas dabei ... Magischer Kerzenzauber soll dafür sorgen, dass ihr immer näher zusammenrückt. Dazu musst du einfach zwei rote Kerzen mit etwas Abstand nebeneinanderstellen ... Liebesenergien werden durch Lindenblütentee geweckt.« Reichlich konventionelle, um nicht zu sagen alberne Tipps, sollte man als unbedarfter Leser meinen, der sich nicht vom fotogenen Lächeln der 18-Jährigen verzaubern lässt.

Was macht eine Hexe eigentlich? Auch darüber ließ Bettina sich aus: »Das höchste Prinzip überhaupt ist der Einklang mit der Natur«, dozierte das Gelegenheitsmodel, das als Berufsziel nicht »Hexe«, sondern Modedesignerin angibt. Sich mit Magie zu beschäftigen heiße in erster Linie, »geduldig zu sein, innerste Energien einzusetzen, nichts erzwingen zu wollen«.

Wieso nicht? Diese Frage wurde wenig später in dem *Mädchen*-Sonderheft *Mystery* von der englischen Teen-Witch Samantha Hardie reichlich kurios so beantwortet: »Wenn jemand richtig verzweifelt ist, zu viel in den Zauber hineinlegt, dann hält er die Energie damit am Boden. Die Zauberkraft muss aber aufsteigen können.« Bei Schulproblernen rät die 14-Jährige: »Dann sollte man sich ein Zauberbeutelchen machen. Also man nimmt ein kleines Stück Stoff und näht sich mit der Hand ein kleines Säckchen. In das legt man dann ein mit ein paar Tropfen Lavendel- oder Rosmarinöl getränktes Stück Papier oder Stoff. Damit kann man sich Vokabeln besser merken. Dann schließt man die Augen und pustet den Wunsch in den Zauberbeutel hinein.«

Richtig ernst scheint dieser Hokuspokus nicht einmal gemeint zu sein, denn zum guten Schluss fügt »Teenage Witch« Samantha vorsichtshalber hinzu: »Man muss natürlich trotzdem lernen – und fleißig sein. Nur mit Zauber allein kriegt man keine gute Note.«

»Verspielten Vulgärokkultismus« nennen kritische Experten das, was Bettina, Samantha und Co. ihren Altersgenossinnen vormachen. »Die Erwartung, dass mehr in einem steckt, ist das durchgängige Thema«, hat EZW-Referatsleiter Pöhlmann festgestellt. »Der Reiz, mit Magie mehr aus seinem Typ zu machen, stößt auf große Resonanz.«

Von den feministischen Bestrebungen der 1970er und 1980er Jahre, die Hexe als positives Leitbild für die Wiedergewinnung der weiblichen Spiritualität und für die Vernetzung von ökologischem, spirituellem und politischem Denken zu etablieren, ist kaum mehr übrig geblieben als ein magischer Power-Trip kesser Girlie-Hexen – und die simple Botschaft von Beherrschung und Machbarkeit.

Kein Wunder also, dass die »Hexenfernschule« Culstar für ihre Internetkurse unter anderem mit »Erfolgsmagie« wirbt, die den »Erfolg in beruflicher und existenzieller Hinsicht« steigern helfen soll: »Lohnverhandlungen, Prüfungen, Spekulationen, Preisverhandlungen, Unternehmungen.«

Kann ein Liebeszauber wirklich funktionieren?

»Was machst du, wenn eine Freundin oder Klassenkameradin zu dir kommt und in einen Jungen verliebt ist, mit dem sie gerne zusammen sein möchte?«, wollte die Reporterin des *Mädchen*-Sonderhefts *Mystery* von der Vorzeigehexe Samantha wissen. Ohne zu zögern riet die 14-Jährige zu einem »Basilikum-Zauber«.

Und der geht so: »Man besorgt sich einen schönen Topf, gute Erde und Basilikumsamen aus der Gärtnerei. Den sät man im Topf aus. Man sollte täglich ein bisschen gießen und niemals jemand anderen ranlassen und fest daran denken, dass bald eine schöne Liebe erblühen wird. Kennt man den Boy schon, sollte man seinen Namen auf ein Stück Papier schreiben und das Papierchen zusammengerollt in die Erde stecken. Man darf das Basilikum aber nicht essen!«

Was soll man von diesem Nonsens halten?

Zunächst einmal verblüfft, wie fraglos die »weiße« (also »gute«) Hexe Samantha davon ausgeht, dass ein Liebeszauber etwas Positives ist. Dass sie im Grunde danach trachtet, Macht über einen anderen Menschen auszuüben (nämlich über den Jungen, der Ziel des Zaubers ist), scheint die »Teenage Witch« nicht weiter zu bekümmern.

Dass Samantha »Probleme auf liebevolle Weise lösen« und »keine Manipulationen ausüben« will, wie sie zu Beginn des Interviews erklärt, führt die 14-Jährige also selbst ad absurdum.

Mag sein, dass der faule Zauber mitunter tatsächlich zu funktionieren scheint, weil er das Selbstvertrauen der Auftraggeberin stärkt und somit positiv auf ihr Verhalten ihrem Schwarm gegenüber einwirkt. Ob es aber ein junges Mädchen tatsächlich weiterbringt, sich auf Hexenzauber, Amulette und Glücksbringer zu verlassen, anstatt an seiner sozialen Kompetenz und Bindungsfähigkeit zu arbeiten? Schwer vorstellbar, dass jemand mit einem »Liebeszauber« glücklich wird.

Denn: Früher oder später stellt sich das ungute Gefühl ein, den Partner mit unzulässigen Methoden für sich gewonnen zu haben, also eine Art unfreiwillige Marionette an den Fäden einer Hexe bekommen zu haben, und dass es eigentlich vielleicht gar nicht hätte sein sollen. Oder aber die Auftraggeberin bekommt Angst, die Wirkung des Zaubers könnte mit der Zeit nachlassen.

Das schlechte Gewissen führt erfahrungsgemäß bald zur Trennung, warnen Experten – oder aber direkt in die Abhängigkeit von der Hexe, die für den Hokuspokus verantwortlich ist.

Wo kann man in Deutschland eine »Ufo«-Sichtung melden?

Ufos – gibt's so was überhaupt?

In der Bedeutung von »außerirdischen Raumschiffen«: wohl eher nicht.

Was es aber gibt: ein Ufo-Phänomen.

Und davon kann der Amateurastronom Werner Walter ein Lied singen, der vor über dreißig Jahren das private »Centrale Erforschungs-Netz außergewöhnlicher Himmelsphänomene« (CENAP) gegründet hat und in Mannheim eine kostenlose »Ufo-Hotline« betreibt.

Unter der Rufnummer O6 21-70 13 70 können Zufallsbeobachter ihre Sichtungsberichte abgeben und nachfragen, was wohl Auslöser des mysteriösen Geschehens gewesen sein mag. Mehr als 1025 Ufo-Meldungen hat CENAP zwischen 1973 und heute untersucht. Aber Vorsicht: Werner Walter ist erklärter Skeptiker. Seine Erfahrungen und Erlebnisse rund um die »außergewöhnlichen Himmelsphänomene« beschreibt er im Folgenden selbst:

»Ufos – unidentifizierte Flugobjekte.

Jeder hat dazu bestimmte Vorstellungen und Ansichten. Die meisten Menschen aber fragen sich rund um die Ufo-Diskussion, ob außerirdische Besucher in fliegenden Untertassen am Himmel beziehungsweise über unseren Köpfen kreisen. Hollywood, die Klatschpresse und die so genannte Ufologie sind hier eine unheimliche Allianz eingegangen, um Akte X scheinbar Wirklichkeit werden zu lassen.

Mit jeweils eigenen Interessen, aber gemeinsamer Stoßrichtung hat diese ufologische Fördergruppe weltweit meinungsbildend gewirkt. Die Ufo-Wirklichkeit schaut dagegen ganz und gar anders aus.

Sicher, gelegentlich kann man wahrhaft seltsame Dinge am (meistens nächtlichen) Himmel sehen. Dinge, die einem merkwürdig und rätselhaft vorkommen. Ihnen kann dies jederzeit unerwartet passieren, und auch wenn Sie bisher über Ufo-Berichte aus der Tagespresse gelächelt haben – spätestens dann runzeln Sie die Stirn und sind baff. So jedenfalls geht es in der Regel jedem zufälligen Ufo-Beobachter.

Ich weiß, wovon ich hier berichte.

Als Amateurastronom und Science-Fiction-Fan fand ich meinen Zugang zum Ufo-Phänomen, und zwar vor mehr als dreißig Jahren. Irgendwann fing ich an, diesen Meldungen mal nachzugehen, durchaus auch in der Hoffnung/Erwartung, wirklich exotischen Erscheinungen (was und woher auch immer) auf die Spur zu kommen. Gebe ich gerne zu. So gründete ich anno 1976 das ›Centrale Erforschungs-Netz außergewöhnlicher Himmelsphänomene‹ (CENAP). Doch binnen eines Jahrzehnts war mein Alien-Enthusiasmus verflogen, und ich wurde vom Ufo-Fan zum Skeptiker und damit auch zum Kritiker der so genannten Ufologie und ihrer spekulativen Literatur, die es mehr als reichlich gab. Ich und meine Kollegen beim CENAP gehen trotzdem nach wie vor den Ufo-Meldungen nach.

Und zwar um festzustellen, was tatsächlich vorgeht, was also die Ufo-Sichtung auslöste. Kurzum: Es ist falsch, Ufo-Beobachtungen als Halluzination oder ›Spinnerei‹ abzutun. Eigentlich nie berichten die Augenzeugen von ›fliegenden Untertassen‹ und den sprichwörtlichen ›kleinen grünen Männchen‹ – dies wird lediglich von einem bestimmten Zweig der Medienwelt suggestiv so rübergebracht.

Aber es stimmt nicht, und diese Begriffe und Formulierungen sind nur das Produkt einer Rhetorik, um die Leser/Zuschauer spannend zu unterhalten. Vor etwa 15 Jahren informierte ich eine Presseagentur über die Gründung der deutschen Ufo-Meldestelle unter dem Dach des CENAP. Die daraus resultierende Meldung machte meine Ufo-Hotline bundesweit bekannt. Der Einrichtung unserer Ufo-Meldestelle war die Erfahrung vorausgegangen, dass es zunehmend problematischer wurde, Zeitungsmeldungen nachzugehen und durch sie bis zu den ursprünglichen Zeugen einer Ufo-Story vorzudringen. Dafür hatte ein neues Pressegesetz zum Schutz der Persönlichkeitsrechte gesorgt.

Die Situation war folgende: Wir hatten einen Zeitungsausschnittdienst abonniert, der uns kostenpflichtig mit allen Ufo-Meldungen versorgte, die durch die Presselandschaft geisterten – wenn auch teilweise mit vier bis sechs Wochen Verzögerung. Aber in den Meldungen hieß es dann nur, dass zum Beispiel ein namenloser Herr aus der Steinbachstraße in Schönwald dieses oder jenes Ufologische gesehen haben wollte.

Fragte ich dann mit diesem zeitlichen Abstand in der Redaktion nach, wer denn nun konkret jener Zeuge sei, wusste niemand mehr Bescheid beziehungsweise durfte man keine Auskunft über die Person geben. Außerdem gaben die wenigen handfesten Informationen in der Zeitung zur jeweiligen Sichtung wenig bis gar nichts her – vor allem der stilisierende Kicherfaktor in den Berichten hielt das Ganze absichtsvoll eher schwammig.

Aufgrund dieser Umstände wollte ich mit Ufo-Beobachtern direkt in Kontakt kommen, um gleich die richtigen Fragen zu stellen und ohne Verzug zu erfahren, was geschehen war. Inzwischen ist – auch dank des Medienechos und meines persönlichen Engagements in der astronomischen Welt – recht gut bekannt, dass es in Deutschland eine Ufo-Meldestelle gibt. Tatsächlich bin ich immer wieder überrascht, welchen Aufwand Ufo-Zeugen betreiben, um mich zu erreichen – meistens unter dem heftigen Eindruck der aktuell gemachten Erfahrung. Selbst aus dem deutschsprachigen Ausland wie Österreich und der Schweiz kommen Anrufe, und zum Teil haben die Anrufer bereits mehrere Stunden am Hörer verbracht, um einen Ansprechpartner zu finden und Antworten zu bekommen.

Das ist das Hauptmotiv – und nicht einfach nur Meldung machen und fertig. Das gibt es zwar auch, aber fast immer sind das dann Leute, die seltsame Geschichten wie aus Science-Fiction-Filmen erzählen und darüber auch nicht groß diskutieren wollen.

Ich mache meine Aufklärungs- und Ermittlungsarbeit natürlich ehrenamtlich und betreue die Ufo-Hotline neben meinem normalen Tagewerk. Meistens aber klingelt es gar nicht. Auf Anrufe zu warten ist sinnlos. Unvorhersehbar kommen die Meldungen rein. Ich bin dabei immer wieder selbst wie elektrisiert, auch wenn ich oft sogar aus dem Bett gerissen werde. Denn natürlich sind zum Beispiel Polarlichter oder spektakuläre Feuerball-Boliden (= Megasternschnuppen) am besten nachts zu sehen, und prompt fragen sich viele Menschen, was da am Firmament vor sich geht.

Erklärungen werden sofort erbeten, ohne Rücksicht auf die Uhrzeit. Spätestens aber nach der zehnten Meldung zu ein und demselben Himmelsphänomen lässt auch bei mir die innere Anspannung wieder nach, wenn aufgrund der Sichtungsmerkmale (Parameter) klar ist, um was es sich handelt – etwa um so genannte Partygag-Miniaturballone, Discoscheinwerfer, Flugzeug- oder Helikopterlichter, hell leuchtende Planeten oder Meteore. Die Ufo-Hotline läuft natürlich trotzdem noch einige Zeit heiß, wenn immer mehr Augenzeugen aus dem gesamten deutschen Sprachraum durchklingeln, um – teilweise völlig aufgelöst – zu berichten, was sie da gerade ›Unglaubliches‹ und ›Anormales‹ gesehen haben. Ich muss gestehen: Irgendwann geht das aufregende Prickeln dann in Langweile über.

Kurios: Obwohl das öffentliche Interesse am Ufo-Phänomen seit Jahren stark rückläufig ist, verzeichnet das CENAP trotzdem einen Anstieg der Sichtungsberichte, und zwar aufgrund des wachsenden Bekanntheitsgrads der Ufo-Meldestelle.

Was mich persönlich bei allen Ufo-Meldungen nach wie vor wirklich verblüfft, ist eigentlich nur dieses: wie wenig der moderne Mensch sich mit ganz normalen Himmelserscheinungen auskennt.«

Nachwort

Noch eine Frage:

Wieso eigentlich passiert jeden Tag gerade so viel, wie in die Zeitung passt?

»Ein wirkliches Mysterium«, meint dazu das Zentrum für Kommunikation und Informationsverarbeitung der Uni Dortmund. »Dass die Leute von der Presse sich nicht darüber wundern, zeigt nur, wie abgestumpft die Brüder sind durch all die Sensationen, über die sie täglich zu berichten haben.«

Formulieren wir die Frage etwas um:

Sind jetzt alle Mysterien unseres Alltags gelöst, weil dieses Buch zu Ende ist?

Natürlich nicht!

Nehmen wir zum Beispiel das bekannte Phänomen, dass wichtige Ereignisse meistens erst dann eintreten, wenn wir nicht mehr mit ihnen rechnen.

Als prominente Zeugin dürfen wir die Journalistin und Autorin Elke Heidenreich aufrufen, die festgestellt hat, dass langerwartete Telefongespräche erst dann durchklingeln, wenn man den Mülleimer wegbringt. Oder Verabredungen erst dann zustande kommen, wenn man gerade beschlossen hat, die Sache aufzugeben.

Warum ist das so? Welche Erklärung gibt es dafür?

Offen gesagt: Keine Ahnung.

Aber wenigstens kann man diese unerklärliche Gesetzmäßigkeit ausnutzen – also rechtzeitig einplanen, das Warten abzubrechen, um so stets rasch zum Ziel zu kommen.

Das ist leider nicht immer so.

Oder wissen Sie, wieso Autos ihre Mängel anscheinend von selbst beheben, sobald man sie vor der Werkstatt abgestellt hat? Oder umgekehrt technische Geräte absolut mängelfrei funktionieren, bis sie zu einer Demonstration ihrer Leistungsfähigkeit antreten und total versagen, etwa Notebook und Beamer bei einem öffentlichen Vortrag?

Neben diesen drei Rätseln sind Sie, liebe Leserinnen und Leser, von einer ganzen Reihe weiterer seltsamer Fragen verschont geblieben, zum Beispiel:

Was bedeutet eigentlich das Verkehrsschild »Vorsicht, Steinschlag«? Und wie soll man sich verhalten, wenn man es sieht?

Welchen Sinn haben die superkleinen Taschen in manchen Hosen und anderen Kleidungsstücken?

Warum gibt es fast keine Bahnhofskinos mehr?

Wieso gibt es keine echten Superhelden?

Was ist, wenn jemand bei einer Hochzeit wirklich mal Einwände erhebt?

Für dieses Mal jedenfalls.